インプレスR&D［NextPublishing］

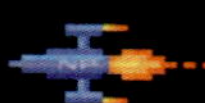

技術の泉 SERIES
E-Book / Print Book

ほぼ Pythonだけでサーバーレスアプリをつくろう

長谷場 潤也
安田 譲
著

impress R&D
An impress Group Company

目次

はじめに

このたびは『ほぼPythonだけでサーバーレスアプリをつくろう』をお手に取っていただきありがとうございます。本書はAmazon Web Servicesを利用したサーバーレスアプリ開発のガイドブックです。タイトルにあるように、実装、テストに関わるほぼすべてのコードをPythonで記述します。

ここ数年でPythonの注目度は一気に高まり、2020年春から基本情報技術者試験の選択問題として採用されるまでになりました。以前よりPythonを利用していた筆者たちはこの盛り上がりを喜ぶ一方、データサイエンスや機械学習の領域ばかりで持て囃されることに歯がゆさも感じています。本書によってPythonの違った側面を知っていただければ幸いです。

本書がみなさまのサーバーレス開発の一助となりますように。

令和元年7月吉日
筆者を代表して
長谷場 潤也

本書の想定読者

本書は次のような方を読者と想定して書かれています。

・何らかの言語でのプログラミング経験がある
・Amazon Web Servicesを利用したサーバーレスアプリの開発に興味がある
・Webアプリに対してのテスト手法に興味がある

本書の構成

本書は第1章から第6章でサーバーレスアプリを一から実装し、第7章から第12章でそのアプリに対するテストを実施します。チュートリアル形式で進めますので、はじめて読まれる際には第1章から順に読み進めることをお勧めします。

なお、本書に登場するソフトウェアは、一部を除いて2019年7月時点の最新版で動作を確認しています。

・Python 3.7.4
・AdoptOpenJDK 11.0.3+7
・Chalice 1.9.1
・Transcrypt 3.7.16
・Boto3 1.9.185
・pytest 5.0.1
・Requests 2.22.0
・Selenium 3.141.0
・Selene 1.0.0a13

サンプルコードと正誤表など

本書に掲載されているコードや正誤表などは、次のリポジトリーで公開しています。

- https://github.com/7pairs/hobopy

謝辞

表紙のイラストを描いてくださったジョン湿地王さん[1]に感謝いたします。素敵なイラストが執筆中の筆者たちの励みになりました。ありがとうございます。

本書の原稿をレビューしてくださった、ささきさん[2]、矢田裕基さん[3]（順不同）にも御礼申し上げます。お二人のご指摘のおかげで、本書の内容がより良いものになりました。ありがとうございます。

免責事項

本書に記載された内容は、情報の提供のみを目的としています。したがって、本書を用いた開発、製作、運用は、必ずご自身の責任と判断によって行ってください。これらの情報による開発、製作、運用の結果について、著者はいかなる責任も負いません。

表記関係について

本書に記載されている会社名、製品名などは、一般に各社の登録商標または商標、商品名です。会社名、製品名については、本文中では©、®、™マークなどは表示していません。

底本について

本書籍は、技術系同人誌即売会「技術書典5」で頒布されたものを底本としています。

1.https://www.pixiv.net/member.php?id=2208570

2.https://twitter.com/b_csasaki

3.https://twitter.com/digitaljunky

第1章　Pythonでサーバーレスアプリの実装をしよう

1.1　Pythonとは

本書のタイトルは『ほぼPythonだけでサーバーレスアプリをつくろう』です。タイトルのとおり、ほぼすべてのコードを**Python**[1]で実装します。

近ごろ話題に上ることが多くなったので、「Pythonという名前くらいは聞いたことがある」という方も多いでしょう。データサイエンスや機械学習の領域に強い言語ですが、それだけではなく、もっと広い用途に活用できる汎用プログラミング言語です。

Pythonの日本語ポータルサイト**Python Japan**では、Pythonの特徴として次のようなことを挙げています[2]。

- とてもクリーンで読みやすい文法
- 強力な内省（イントロスペクション）機能
- 直感的なオブジェクト指向
- 手続き型のコードによる、自然な表現
- パッケージの階層化もサポートした、完全なモジュール化サポート
- 例外ベースのエラーハンドリング
- 高レベルな動的データ型
- 事実上すべてのタスクをこなせる、広範囲に及ぶ標準ライブラリとサードパーティのモジュール
- 拡張とモジュールはC/C++で書くのが容易（JythonではJava、IronPythonでは.NET言語を利用）
- アプリケーションに組み込んでスクリプトインタフェースとして利用することが可能

本書を通じてこれらの特徴の一端に触れ、Pythonという言語を好きになっていただければ、筆者としてこれに勝る喜びはありません。

本書では**Chalice**[3]、**Transcrypt**[4]などのパッケージを利用して実装を進めます。もちろん、どちらもPython製のパッケージです。

1.2　サーバーレスとは

本書ではサーバーレスコンピューティング（以下**サーバーレス**）を活用してWebアプリを開発し

1.https://www.python.org/
2.https://www.python.jp/pages/about.html
3.https://chalice.readthedocs.io/en/latest/
4.https://www.transcrypt.org/

ます。では、そのサーバーレスとは何なのでしょうか？

Cloud Native Computing FoundationのServerless Working Groupが公開している**CNCF Serverless Whitepaper**[5]には、サーバーレスについて次のように書かれています。

> A serverless computing platform may provide one or both of the following:
>
> 1. Functions-as-a-Service (FaaS), which typically provides event-driven computing. Developers run and manage application code with functions that are triggered by events or HTTP requests. Developers deploy small units of code to the FaaS, which are executed as needed as discrete actions, scaling without the need to manage servers or any other underlying infrastructure.
>
> 2. Backend-as-a-Service (BaaS), which are third-party API-based services that replace core subsets of functionality in an application. Because those APIs are provided as a service that auto-scales and operates transparently, this appears to the developer to be serverless.

FaaSや**BaaS**という言葉を聞いたことがある方もいらっしゃるでしょう。これらの技術の総称がサーバーレスということになります。

FaaS（Functions as a Service）は、イベント駆動で関数を実行するための基盤を提供するサービスです。FaaS上の関数は、HTTPリクエストなど特定のイベントがトリガーとなって呼び出されます。開発者は関数の実行基盤より下位のレイヤーを意識する必要はなく、似たような名前のIaaS（Infrastructure as a Service）、PaaS（Platform as a Service）などと比べると、管理が必要となる領域はより小さくなっています。

図1.1: Everything as a Service

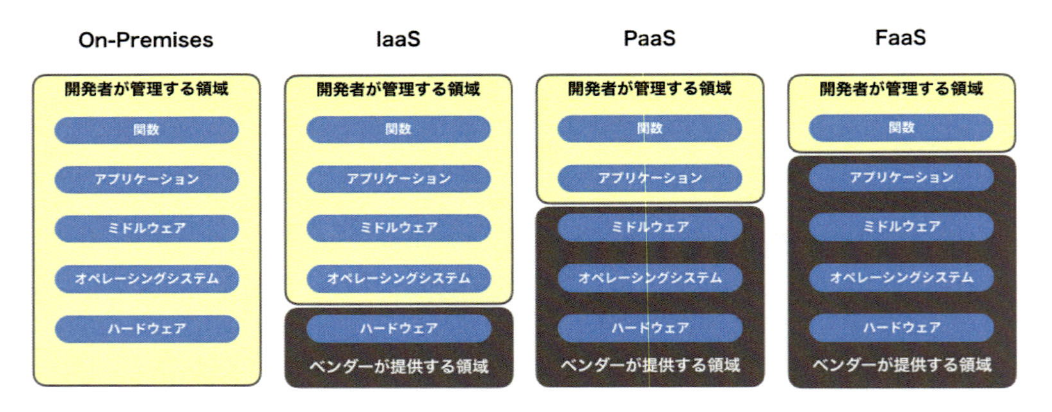

BaaS（Backend as a Service）は、認証やデータベースといった多くのアプリで必要とされるバックエンドの機能を提供するサービスです。モバイル向けのBaaSは、特に**mBaaS**（mobile Backend as a Service）と呼ばれることもあります。BaaS/mBaaSを利用することによって、バックエンドの開発量を削減できるとともに、それらの機能を扱うサーバーを管理する必要もなくなります。

5.https://github.com/cncf/wg-serverless/tree/master/whitepapers/serverless-overview

FaaS、BaaSともに、重要なのは**サーバーの管理が不要になる**ことです[6]。Serverlessを直訳すると「サーバーが存在しない」という意味になりますが、実行環境としてのサーバーではなく、管理対象としてのサーバーが存在しないのだと考えてください。サーバーレスでアプリを構築することにより、開発者はサーバーの管理から解放され、アプリ内部の実装に集中できるのです[7]。

本書ではAmazon Web Services（以下**AWS**）を利用してサーバーレスを実現します。

1.3 Chaliceとは

ChaliceはAWS向けのPython製サーバーレスマイクロフレームワークです。Chaliceを利用することにより、**Amazon API Gateway**[8]と**AWS Lambda**[9]を組み合わせたWeb APIをスピーディに開発できます。

AWSに対応したサーバーレスフレームワークはChalice以外にも存在します。その中から筆者たちがChaliceを選んだのにはふたつの理由がありました。

ひとつ目は**AWSによって開発されている**ことです。AWS謹製といわれるとやはり安心感がありますよね。

ふたつ目は**名前がChaliceである**ことです。聖杯なのです。Pythonで聖杯といえば**Monty Python and the Holy Grail**[10]であり、**Monty Python's Spamalot**[11]なのです。ニッ！[12]

AWS向けサーバーレスフレームワーク

本文中で触れたとおり、AWSに対応したサーバーレスフレームワークはChaliceだけではありません。その中でも代表的な**Serverless Framework**[13]と**Zappa**[14]を簡単にご紹介しましょう。

Serverless Frameworkは、Node.js、Python、Java、Go、C#、Ruby、Swift、Kotlin、PHP、Scala、F#と、非常に多くの言語をサポートしたフレームワークです。AWS以外にも、Microsoft Azure、Apache OpenWhisk、Google Cloud Functions、Kubeless、Spotinst、Fn Project、Cloudflare Workersに対応しています。特定のプラットフォームにロックインされたくないプロジェクトでは有力な選択肢になるでしょう。

ZappaはChaliceと同様、Python製のフレームワークです。WSGI[15]に対応したアプリを、API GatewayとLambdaに対してそのままデプロイできます。既存のWebアプリを手っ取り早くサーバーレスへ移行するにはうってつけのフレームワークです。

13.https://serverless.com/framework/

14.https://github.com/Miserlou/Zappa

15.WSGIはWeb Server Gateway Interfaceの略で、WebサーバーとPython製Webアプリを接続するインターフェイスの標準仕様を定めたものです。Django、Flaskなど、Pythonの主要なWebフレームワークはWSGIに対応しています。詳しくはPEP 3333（https://knzm.readthedocs.io/en/latest/pep-3333-ja.html）をご覧ください。

6.これ以外にも「関数の実行時に必要なリソースが自動的に割り当てられる」「実際に使用したメモリやCPUなどのリソース量に対する従量課金である」といった特徴があります。

7.開発者が実装に集中できるのであれば、すべてのWebアプリはサーバーレスにすべきだという話にもなりそうですが、もちろんそんなことはありません。仕様によって向き不向きがありますので、あくまでも選択肢のひとつとして考えてください。

8.https://aws.amazon.com/jp/api-gateway/

9.https://aws.amazon.com/jp/lambda/

10.http://www.allcinema.net/prog/show_c.php?num_c=23656

11.http://www.spamalot.jp/

12.https://g.co/kgs/UMnsbC

1.4 Transcryptとは

TranscryptはPython製のJavaScriptトランスパイラで、PythonのコードをJavaScriptへ変換します。つまり、Transcryptを利用すれば、**PythonをAltJSとして扱える**のです。

JavaScriptへ変換できれば、Pythonの可能性が大きく広がっていきます。Webブラウザー上で実行することはもちろん、Electron[16]を利用すればデスクトップアプリが、React Native[17]を利用すればスマートフォンアプリが開発できてしまうのです。JavaScriptのエコシステム万歳！

なお、本書では**jQuery**[18]を利用してフロントエンドを実装します。

16.https://electronjs.org/

17.https://facebook.github.io/react-native/

18.https://jquery.com/

第2章　サーバーレスアプリ開発環境の構築をしよう

2.1　開発用PCを用意する

本書に掲載されたプログラムを実行するには、インターネットに接続されたmacOS、もしくはLinuxのPCが必要になります。

お使いのPCがWindowsの場合、Docker[1]やVirtualBox[2]などの仮想化ソフトウェアを利用してLinux環境を構築し、その上で本書のプログラムを実行することを推奨します。

どうしてもWindows上で実行したい場合、いくつかのコマンドはWindows向けに読み替えてください。

2.2　Pythonをインストールする

それでは、サーバーレスアプリを開発するための環境を整えていきましょう。まずはPythonのインストールからです。

本書で採用しているChaliceのREADME[3]に次のような記述があります。

> Note: make sure you are using python2.7, python3.6, or python3.7.

サポート終了まで半年を切っている[4]Python2.7を今さら選んではいけません。また、わざわざバージョンを3.6に下げるだけの特別な理由もありませんので、本書では最新バージョン[5]のPython3.7.4を利用します。

2.2.1　Macの場合

https://www.python.org/downloads/mac-osx/からインストーラーをダウンロードします。「Python 3.7.4 - July 8, 2019」のリストから、ご利用の環境に合わせたファイルを選んでください。

ダウンロードしたpkgファイルを開くとインストーラーが起動します。以降はインストーラーの指示にしたがってインストールを完了させてください。

2.2.2　Linuxの場合

ディストリビューションによって手順が異なるため、Python Japanの環境構築ガイド[6]を参考に

1.https://www.docker.com/

2.https://www.virtualbox.org/

3.https://github.com/aws/chalice/blob/master/README.rst

4.2019年7月現在。

5.2019年7月現在。

6.https://www.python.jp/install/install.html

インストールしてください。

2.2.3　Windowsの場合

https://www.python.org/downloads/windows/からインストーラーをダウンロードします。「Python 3.7.4 - July 8, 2019」のリストから、ご利用の環境に合わせたファイルを選んでください。

ダウンロードしたexeファイルを開くとインストーラーが起動します。「Add Python 3.7 to PATH」にチェックを入れ、「Install now」をクリックしてください（図2.1）。以降はインストーラーの指示にしたがってインストールを完了させてください。

図2.1: Python3.7.4のインストーラー

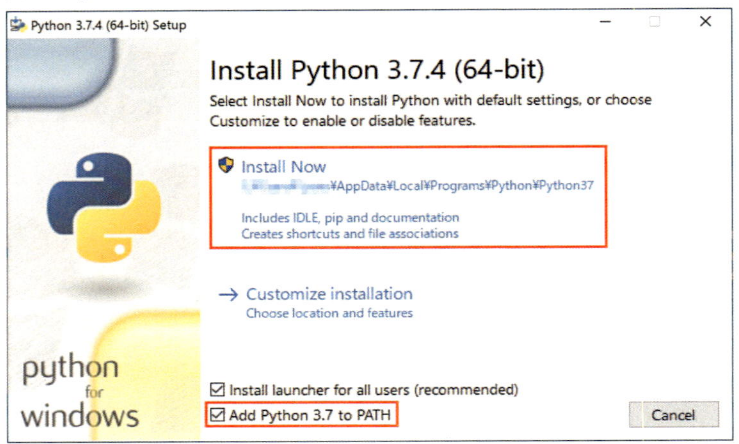

インストールが完了したら、最後に環境変数を編集しましょう。ユーザー環境変数の`Path`に`%APPDATA%\Python\Python37\Scripts`を追加してください[7]。

2.3　Javaをインストールする

何度も繰り返しますが、本書のタイトルは『**ほぼ**Pythonだけでサーバーレスアプリをつくろう』です。残念ながら次のような場面ではJavaの力を借りなければなりません。

- DynamoDB Localを起動する（第4章）
- Transcryptでトランスパイルしたコードをminifyする（第5章）

とはいえ、ここで要求されているのは実行環境としてのJava Virtual Machineであり、プログラミング言語としてのJavaではありません。本書の範囲内でJavaのコードを書くことはありませんのでご安心ください。

なお、本書では**AdoptOpenJDK**を例にインストール方法を説明しますが、別の団体がビルドし

7. 環境変数まわりはWindowsのバージョンによって画面構成が大きく異なるため、具体的な操作方法については割愛させていただきます。

たJDKを利用してもまったく問題はありません。

それではインストール作業に戻りましょう。https://adoptopenjdk.net/からインストーラーをダウンロードします。「Choose a Version」から「OpenJDK 11 (LTS)」を選択し、「Latest release」のリンクからダウンロードしてください。

ダウンロードしたファイルを開くとインストーラーが起動します。以降はインストーラーの指示にしたがってインストールを完了させてください。

Java is Still Free.

「Javaは有償化されるんじゃなかったの？　インストールしても大丈夫なの？」と不安になった方もいらっしゃるでしょう。でも、ご安心ください。Javaは今後も無償で利用できます。

リリースモデルがこれまでとは大きく変わったため、情報が錯綜するのは仕方がない面もあります。その一方で、意図的に誤った解釈をしているように見受けられる例もあるのが困りものです。Oracle嫌いをこじらせたアンチがOracleを叩くためだったり、SEO対策だけは完璧な自称技術ブログがPVを稼ぐためだったり……。

このような誤った情報のせいで誤解されていた方は「『Java有償化』で誤解する人になるべく分かりやすく説明するためのまとめ」[8]をぜひご一読ください。「ほぼPythonだけ」を銘打った本でこんなことを力説するのもおかしな話ですが、筆者たちはこういった正しい情報が広まってくれることを心より願っています。

8.https://togetter.com/li/1343743

2.4 Gitをインストールする

第6章でCI/CD環境を構築するために、分散型バージョン管理システムの**Git**を利用します。普段Gitをお使いでない方は、手順にしたがってインストールしてください。

2.4.1 Macの場合

http://git-scm.com/download/macからインストーラーをダウンロードします。

ダウンロードしたdmgファイル内のpkgファイルを開くとインストーラーが起動します。以降はインストーラーの指示にしたがってインストールを完了させてください。

2.4.2 Linuxの場合

`apt-get`、`yum`、`dnf`など、ディストリビューションに応じたパッケージ管理コマンドで`git`をインストールしてください。

2.4.3 Windowsの場合

https://git-scm.com/download/winからインストーラーをダウンロードします。

ダウンロードしたexeファイルを開くとインストーラーが起動します。以降はインストーラーの指示にしたがってインストールを完了させてください。

2.5 HTTPieをインストールする

本書ではサンプルのWeb APIに何度もアクセスすることになります。curlなどを使っても構わないのですが、今回はより便利な**HTTPie**[9]を利用しましょう。

2.5.1 Macの場合

Homebrew[10]でインストールします。ターミナルで次のコマンドを実行してください。

```
$ brew install httpie
```

何らかの理由でHomebrewを利用できない、もしくは利用したくない場合は、Windowsと同様のコマンドでインストールしてください。

2.5.2 Linuxの場合

`apt-get`、`yum`、`dnf`など、ディストリビューションに応じたパッケージ管理コマンドで`httpie`をインストールしてください。

2.5.3 Windowsの場合

コマンドプロンプトで次のコマンドを実行してください。

```
> pip install --upgrade httpie
```

2.6 Web Server for Chromeをインストールする

フロントエンドのテストをする際には、開発用PC内でWebサーバーを起動する必要があります。そのためのGoogle Chrome拡張機能が**Web Server for Chrome**です。

Chromeウェブストアの「Web Server for Chrome」[11]にChromeでアクセスしてください。画面右上の「Chromeに追加」ボタンをクリックするとインストールが始まります。

2.7 Access key IDとSecret access keyを取得する

本書の内容を実践するにはAWSのアカウントが必要になります。まだアカウントをお持ちでな

9.https://httpie.org/
10.https://brew.sh/index_ja
11.https://chrome.google.com/webstore/detail/web-server-for-chrome/ofhbbkphhbklhfoeikjpcbhemlocgigb/

い場合は、https://aws.amazon.com/jp/register-flow/を参考にサインアップを行ってください[12]。

また、本書では主にコマンドラインからAWSを操作します。そのため、`AdministratorAccess`ポリシーがアタッチされた**IAMユーザー**の**Access key ID**と**Secret access key**が必要になります[13]。

急に**IAM**という言葉が出てきましたので、簡単にご説明しましょう。IAMはIdentity and Access Managementの略で、AWSのユーザーや権限を管理するサービスです。どのユーザーがAWSを利用できるか、また、そのユーザーはAWS上で何ができるかを定義します。前者を管理する仕組みがIAMユーザー、後者を管理する仕組みが**IAMポリシー**です。詳しくはAWS公式ドキュメントの「IAMとは」[14]をご覧ください。

では、実際にIAMユーザーを登録してみましょう。まず、WebブラウザーでAWSマネジメントコンソールにアクセスします[15]。ヘッダ部分の「サービス」をクリックするとサービスの一覧が表示されますので、「セキュリティー、ID、およびコンプライアンス」の「IAM」をクリックしてください（図2.2）。

図2.2: AWSマネジメントコンソール

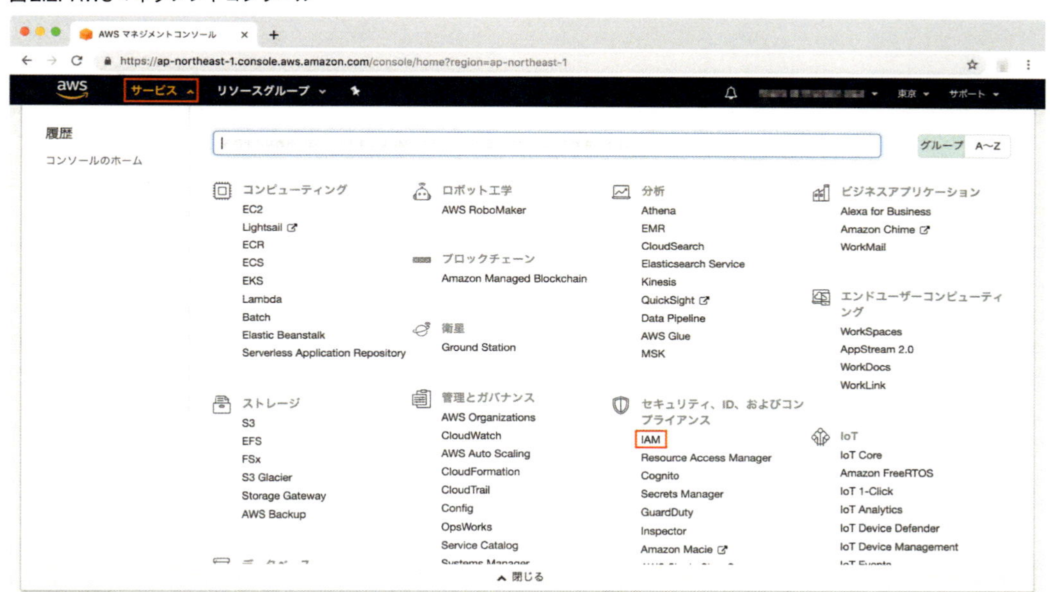

IAM Management Consoleに遷移します。左ペインから「ユーザー」を選択し、「ユーザーを追加」ボタンをクリックしてください（図2.3）。

---

12. サインアップ後にルートユーザーとは別の管理者IAMユーザーを作成し、以降の画面操作はその管理者IAMユーザーで行うことを強く推奨します。詳しくはhttps://docs.aws.amazon.com/ja_jp/IAM/latest/UserGuide/getting-started_create-admin-group.htmlの「管理者IAMユーザーおよびグループの作成（コンソール）」をご覧ください。
13. 本書では紙幅の都合もあり、説明を簡略化するために強い権限を持つAdministratorAccessをアタッチしていますが、本来であれば必要な権限に限定して割り当てるべきです。
14. https://docs.aws.amazon.com/ja_jp/IAM/latest/UserGuide/introduction.html
15. 画面のスクリーンショットは2019年7月時点のものです。

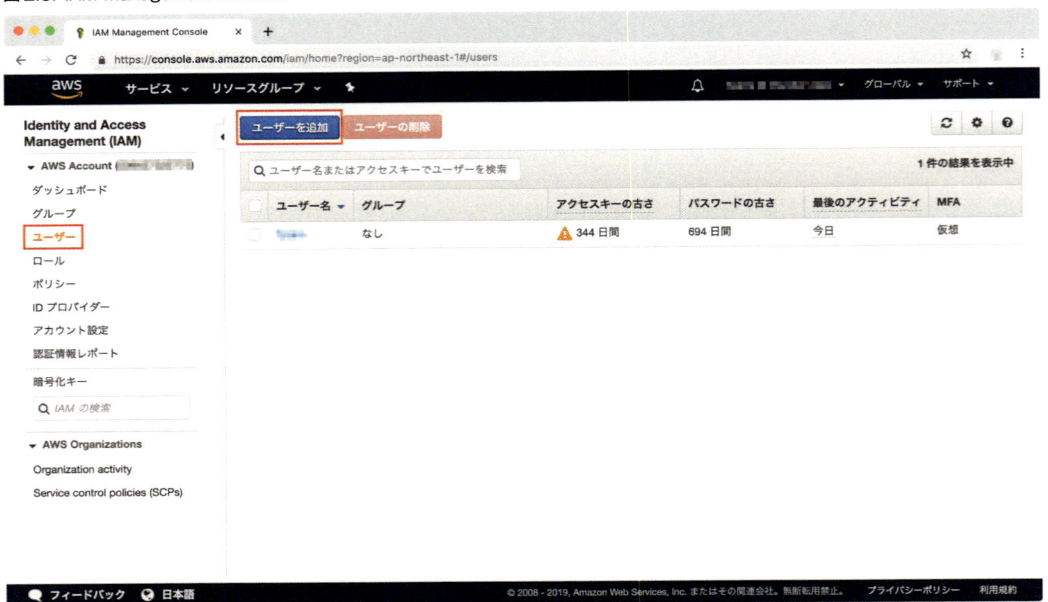

図 2.3: IAM Management Console

　ユーザー追加画面の1ページ目に遷移します。ユーザー名を入力し、「プログラムによるアクセス」にチェックを入れて、「次のステップ：アクセス権限」ボタンをクリックしてください（図2.4）。ユーザー名はご自身で管理しやすい名前にしましょう。

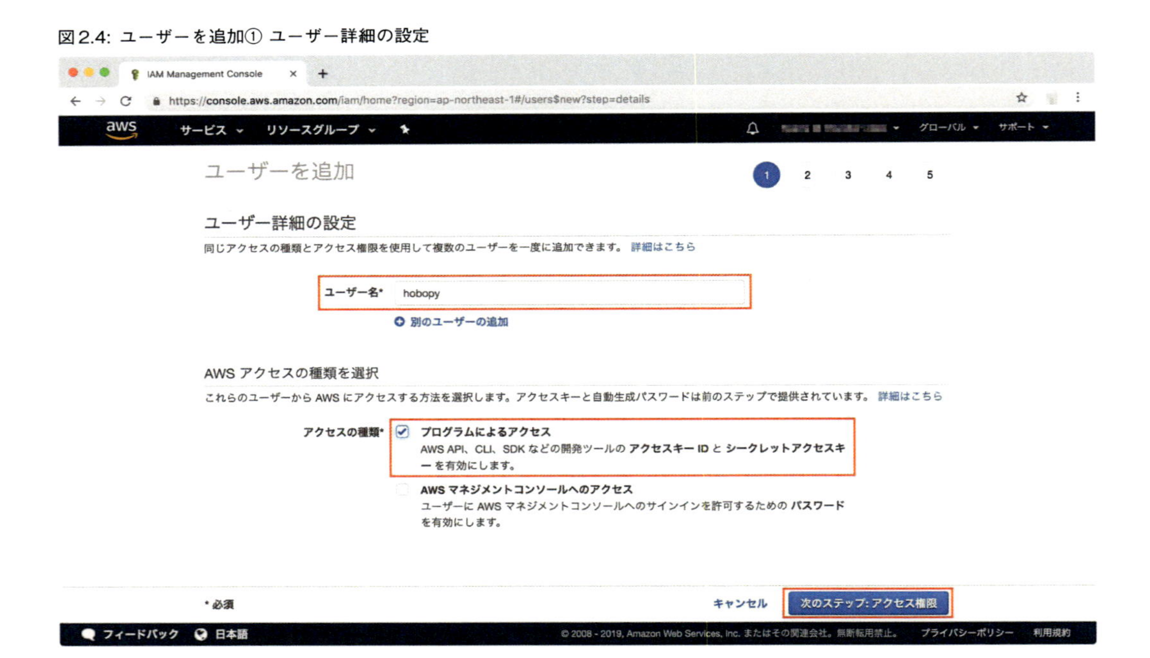

図 2.4: ユーザーを追加① ユーザー詳細の設定

　ユーザー追加画面の2ページ目に遷移します。「既存のポリシーを直接アタッチ」を選択し、ポリシーの一覧から「AdministratorAccess」にチェックを入れて、「次のステップ：タグ」ボタンをクリックしてください（図2.5）。

図2.5: ユーザーを追加② アクセス許可の設定

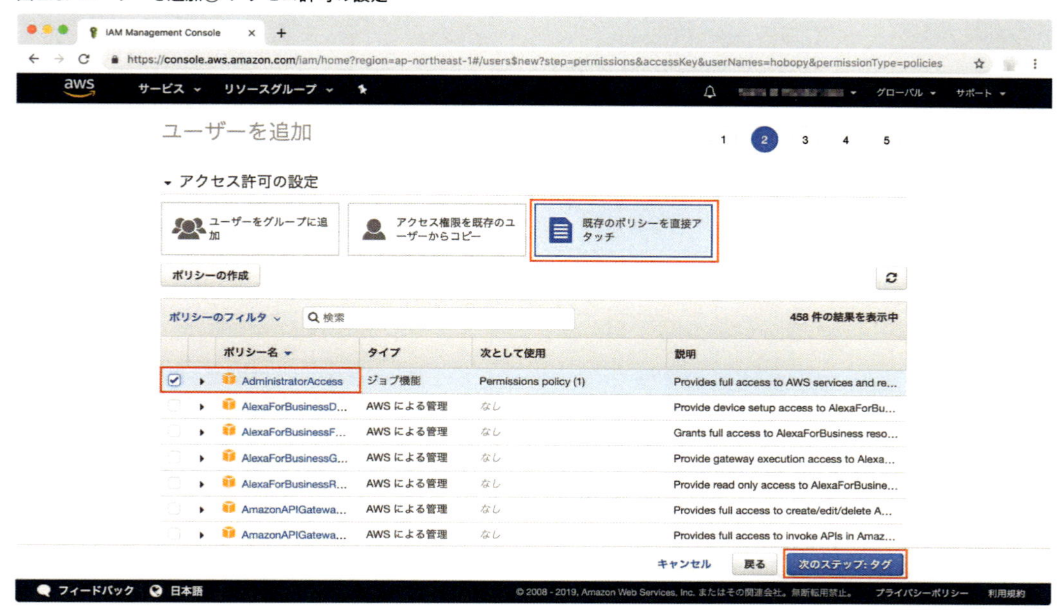

ユーザー追加画面の3ページ目に遷移します。この画面では何も入力せず、「次のステップ：確認」ボタンをクリックしてください（図2.6）。

図2.6: ユーザーを追加③ タグの追加

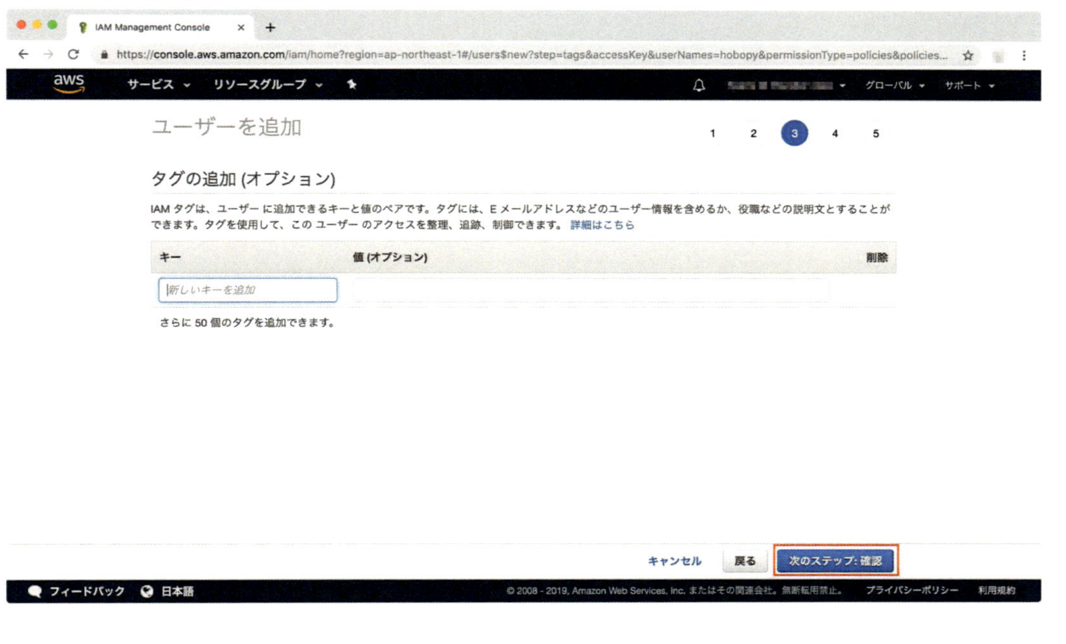

ユーザー追加画面の4ページ目に遷移します。これまでの入力内容が表示されますので、誤りがなければ「ユーザーの作成」ボタンをクリックしてください（図2.7）。

図2.7: ユーザーを追加④ 確認

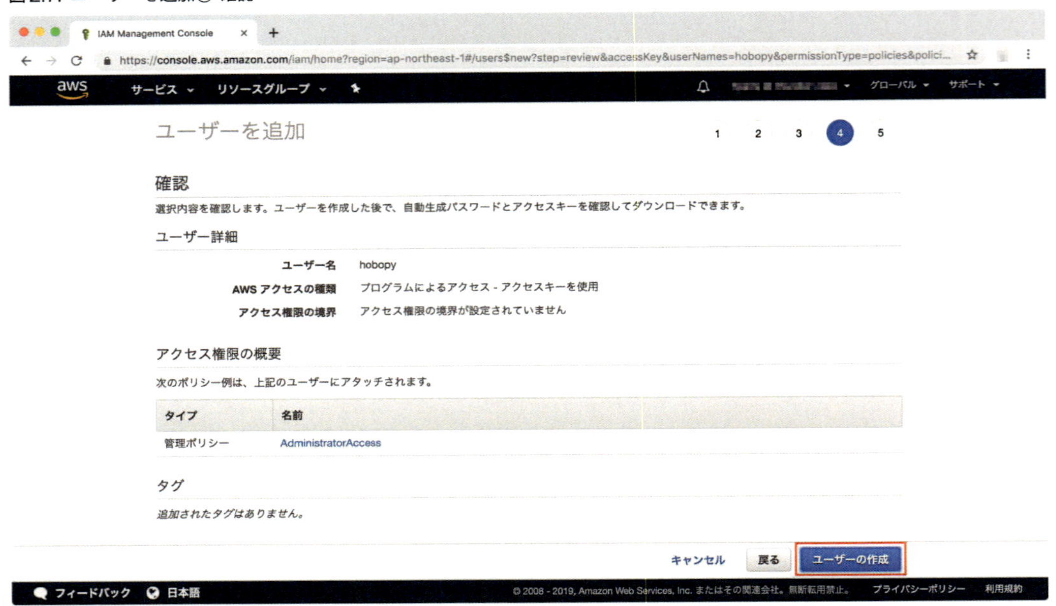

これでIAMユーザーが作成されました。「.csvのダウンロード」ボタンをクリックして、ユーザー情報が記載されたCSVファイルをダウンロードしてください（図2.8）。

図2.8: ユーザーを追加⑤

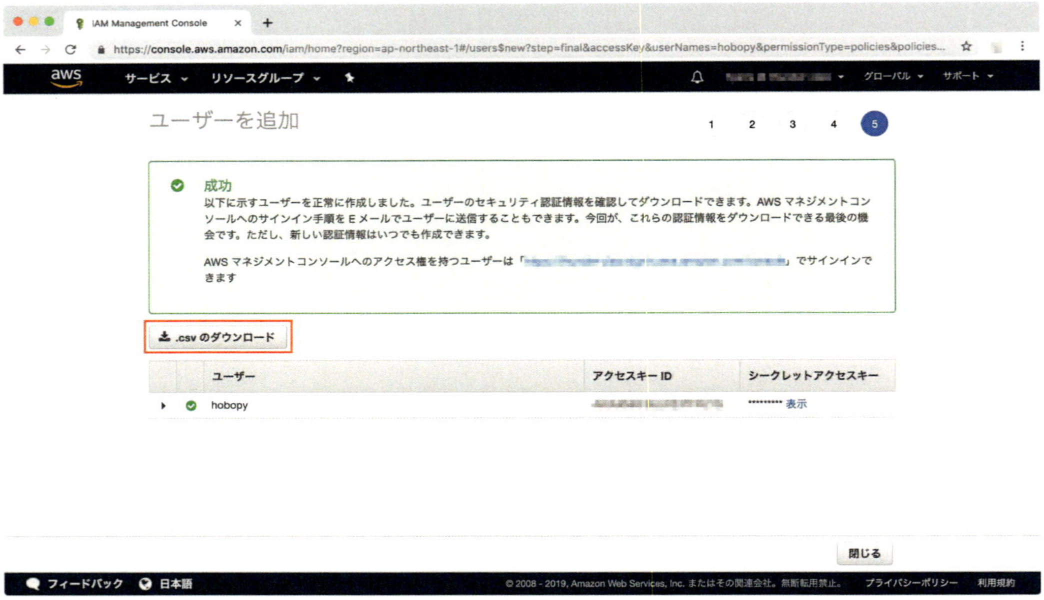

ダウンロードしたCSVファイルの内容を確認してみましょう。

リスト2.1: credentials.csv

```
User name,Password,Access key ID,Secret access key,Console login link
hobopy,,ABCDEFGHIJKLMNOPQRST,abcdefghijklmnopqrstuvwxyzabcdefghijklmn,https://yc
nan.signin.aws.amazon.com/console
```

1行目が見出し、2行目がデータという構成です。3列目のABCDEFGHIJKLMNOPQRSTがAccess key ID、4列目のabcdefghijklmnopqrstuvwxyzabcdefghijklmnがSecret access keyとなります。

2.8 AWSコマンドラインインターフェイスをインストールする

AWSにアクセスするためのコマンドラインツールをインストールします。

2.8.1 Macの場合

ターミナルで次のコマンドを実行してください。

```
$ pip install awscli --upgrade --user
```

Bundled Installerを利用する

Pythonのグローバル環境にパッケージをインストールしたくない場合、pip installする代わりにBundled Installerを利用しましょう。ターミナルで次のコマンドを実行してください。

```
$ curl "https://s3.amazonaws.com/aws-cli/awscli-bundle.zip" \
> -o "awscli-bundle.zip"
$ unzip awscli-bundle.zip
$ sudo ./awscli-bundle/install -i /usr/local/aws -b /usr/local/bin/aws
```

最初のコマンドは長くなったために2行で表記しています。1行目を入力してEnterキーを押すとプロンプトの先頭が>に変わりますので、残りの-o "awscli-bundle.zip"を入力してEnterを押してください。1行でまとめて入力する場合は、行継続文字\を除いて入力します。

また、最後のsudoコマンドの実行時にはパスワードを聞かれますので、Macのログインユーザーのパスワードを入力してください。

2.8.2 Linuxの場合

ターミナルで次のコマンドを実行してください。

```
$ pip install awscli --upgrade --user
```

2.8.3 Windowsの場合

コマンドプロンプトで次のコマンドを実行してください。

```
> pip install awscli --upgrade --user
```

> **MSIインストーラーを利用する**
>
> Pythonのグローバル環境にパッケージをインストールしたくない場合、`pip install`する代わりにMSIインストーラーを利用しましょう。https://docs.aws.amazon.com/ja_jp/cli/latest/userguide/install-windows.html#install-msi-on-windows にアクセスし、ご利用の環境に合わせたファイルをダウンロードしてください。
>
> ダウンロードしたmsiファイルを開くとインストーラーが起動します。以降はインストーラーの指示にしたがってインストールを完了させてください。

2.9 AWSの認証情報を設定する

開発用PCにAWSの認証情報を設定しましょう。`aws configure`コマンドを実行すると、対話形式の設定プログラムが起動します。IAM Management ConsoleからダウンロードしたCSVに記載されているAccess key IDとSecret access keyを入力してください。また、リージョンには`ap-northeast-1`（東京）を設定します。最後の出力形式には`json`を指定しましょう。

```
$ aws configure
AWS Access Key ID [None]: ABCDEFGHIJKLMNOPQRST
AWS Secret Access Key [None]: abcdefghijklmnopqrstuvwxyzabcdefghijklmn
Default region name [None]: ap-northeast-1
Default output format [None]: json
```

2.10 作業用ディレクトリーを作成する

本書ではホームディレクトリー直下にhobopyディレクトリーを作成し、その中で開発作業を行います。別のディレクトリーで作業する場合は、以降のパスを適宜読み替えてください。

また、以降のコマンド操作については、特別の断りがない限りすべてMac、Linuxの入力例を掲載します。Windowsをご利用の場合は、パス区切り文字の`/`を`\`に、ホームディレクトリーを表す`~`を`%HOMEPATH%`に、行継続文字の`\`を`^`に読み替えてください。

```
$ cd ~
$ mkdir hobopy
$ cd hobopy
```

2.11 仮想環境を作成する

Pythonでの開発においては、プロジェクトごとに閉じた**仮想環境**を導入するのが一般的です。仮想環境を扱う方法はいくつかありますが、本書ではPythonの標準機能で用意されているvenv[16]を利用します。

まず、バックエンド用の仮想環境を作ってみましょう。

```
$ python -m venv ~/hobopy/.venv/hobopy-backend
```

hobopy/.venvディレクトリーの中にhobopy-backendという仮想環境が作られました。

では、仮想環境を有効にしてみましょう。

Mac、Linuxをお使いの場合は、仮想環境ディレクトリー内のbin/activateに対してsourceコマンドを実行します。

```
$ source ~/hobopy/.venv/hobopy-backend/bin/activate
(hobopy-backend) $
```

Windowsをお使いの場合は、仮想環境ディレクトリー内のScripts\activate.batを実行します。

```
> %HOMEPATH%\hobopy\.venv\hobopy-backend\Scripts\activate.bat
(hobopy-backend) >
```

仮想環境が有効になっている間は、プロンプトの左側に括弧つきで仮想環境名が表示されます。仮想環境を無効にするにはdeactivateコマンドを実行してください。

```
(hobopy-backend) $ deactivate
$
```

最後に、フロントエンド用の仮想環境も作っておきましょう。

```
$ python -m venv ~/hobopy/.venv/hobopy-frontend
```

16.https://docs.python.jp/3/library/venv.html

仮想環境を有効にした状態で実行する必要があるコマンドについて、以降の例ではプロンプトの左側に当該の仮想環境名を表記します。仮想環境の有効・無効を適宜切り替えながら実行してください。

2.12 Chaliceをインストールする

hobopy-backend仮想環境を有効にし、pip[17]を利用してChaliceをインストールします。

```
(hobopy-backend) $ pip install chalice
```

2.13 Boto3をインストールする

プログラムからAWSの各種サービスにアクセスするには、Python製のAWS SDKである**Boto3**[18]が必要になります。こちらもpipでインストールしましょう。

```
(hobopy-backend) $ pip install boto3
```

2.14 Transcryptをインストールする

フロントエンド側の環境も準備しましょう。hobopy-frontend仮想環境を有効にし、pipでTranscryptをインストールします。

```
(hobopy-frontend) $ pip install transcrypt
```

これで準備が整いました。次章からは、いよいよ実装に取りかかります。

17.Pythonにおけるパッケージ管理システムです。
18.https://aws.amazon.com/jp/sdk-for-python/

第3章　ChaliceでWeb APIの実装をしよう

3.1　開発するWeb API

技術書で扱うサンプルアプリといえば、ToDoや掲示板あたりが定番となっています。本書もその例にならってToDoアプリをつくることにしましょう。ToDoアプリは凝ろうと思えばどこまでも高機能にできる分野ですが、今回は最低限の機能のみを実装します。

・それぞれのToDoはタイトル、メモ、重要度、完了／未完了のフラグを項目として持つ
・期限やそれに付随するアラートの機能は考慮しない
・フィルター、ソートなどの機能は考慮しない
・認証・認可の機能は考慮しない

本章ではバックエンドとなるWeb APIを実装していきます。仕様を簡単にまとめてみました。

表3.1: Web API仕様

No.	HTTPメソッド	URL	機能
1	GET	/todos	すべてのToDoを取得する
2	GET	/todos/{todo_id}	指定されたIDのToDoを取得する
3	POST	/todos	ToDoを登録する
4	PUT	/todos/{todo_id}	指定されたIDのToDoを更新する
5	DELETE	/todos/{todo_id}	指定されたIDのToDoを削除する

3.2　プロジェクトを作成する

本書ではChaliceを利用してWeb APIを実装します。まず、chalice new-projectコマンドでプロジェクトを作成しましょう。プロジェクト名はhobopy-backendとします。

```
(hobopy-backend) $ cd ~/hobopy
(hobopy-backend) $ chalice new-project hobopy-backend
```

プロジェクト名のhobopy-backendディレクトリーの中に各種ファイルが生成されました。

図 3.1: hobopy-backend プロジェクト

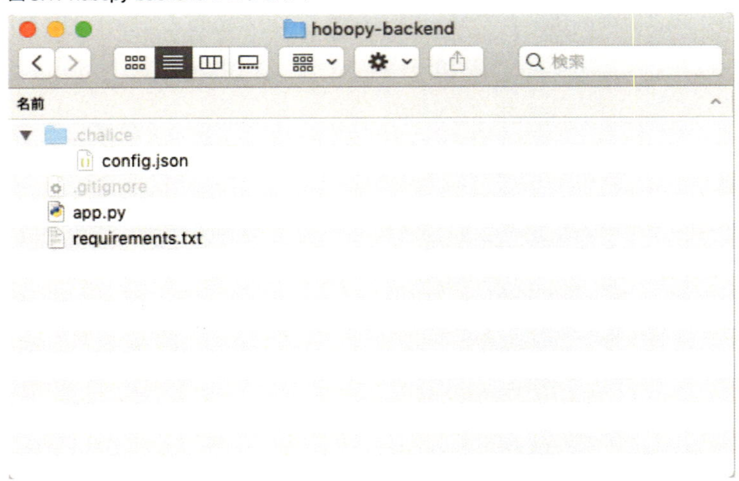

それぞれのファイルの内容を確認していきましょう。

3.2.1 .chalice/config.json

config.jsonはChaliceプロジェクトの設定ファイルです。

リスト 3.1: hobopy-backend/.chalice/config.json

```
{
  "version": "2.0",
  "app_name": "hobopy-backend",
  "stages": {
    "dev": {
      "api_gateway_stage": "api"
    }
  }
}
```

versionはconfig.jsonのフォーマットバージョンで、このファイルがどんな仕様で書かれているかを表しています。この値は触らずにそのままにしておきましょう。app_nameはデプロイ時などに利用されるアプリ名で、chalice new-projectコマンドに指定したプロジェクト名が設定されています。

stagesは**ステージ**の設定を記述する領域です。ステージとは独立した実行環境のことで、たとえばdevステージは開発環境、prodステージは本番環境といったように、設定の異なる複数の環境に対して同一のプログラムをデプロイできます。初期状態ではdevというステージがひとつだけ定義されていますが、もちろん複数のステージを設定することも可能です。

リスト3.2: 複数ステージの設定例

```
// <略>
  "stages": {
    "dev": {
      // devステージ用の設定
    },
    "prod": {
      // prodステージ用の設定
    }
  }
// <略>
```

Chaliceで実装したAPIのエンドポイントURLはhttps://<ベースURL>/<接頭辞>/<ルートパス>です。api_gateway_stageはこの接頭辞に当たり、初期状態ではapiという値が設定されていますので、エンドポイントURLはhttps://<ベースURL>/api/<ルートパス>となります。

3.2.2 .gitignore

.gitignoreは、Gitのトラッキング対象から除外するファイル、ディレクトリーの一覧です。初期状態ではChaliceが自動生成する作業ディレクトリーなどが記載されています。

リスト3.3: hobopy-backend/.gitignore

```
.chalice/deployments/
.chalice/venv/
```

Gitでソースコードを管理する場合、このファイルをベースにしてプロジェクト独自の.gitignoreを作ることになるでしょう。本書では、第6章でGitを扱うときに再び取り上げます。

3.2.3 app.py

app.pyはChaliceプロジェクトにおけるメインファイルで、このファイルにAPIの処理を実装していきます。初期状態ではHello worldが実装されていますので、まずは内容を確認してみましょう。

リスト3.4: hobopy-backend/app.py

```
from chalice import Chalice

app = Chalice(app_name='hobopy-backend')  # ①


@app.route('/')                           # ②
def index():
    return {'hello': 'world'}             # ③
```

```
# The view function above will return {"hello": "world"}
# whenever you make an HTTP GET request to '/'.
#
# Here are a few more examples:
#
# @app.route('/hello/{name}')
# def hello_name(name):
#    # '/hello/james' -> {"hello": "james"}
#    return {'hello': name}
#
# @app.route('/users', methods=['POST'])
# def create_user():
#     # This is the JSON body the user sent in their POST request.
#     user_as_json = app.current_request.json_body
#     # We'll echo the json body back to the user in a 'user' key.
#     return {'user': user_as_json}
#
# See the README documentation for more examples.
#
```

Chaliceのインスタンスを生成し（①）、routeデコレータ[1]でindex()を修飾しています（②）。routeデコレータに指定する引数はエンドポイントURLのルートパスです。この例では'/'を渡していますので、https://<ベースURL>/<接頭辞>/へのアクセスがあったときに、修飾先のindex()が呼び出されることになります。

index()は戻り値として辞書を返しています（③）。この辞書を文字列に変換した結果[2]がHTTPレスポンスボディとなります。

3.2.4 requirements.txt

requirements.txtはプロジェクトが依存しているパッケージの一覧です。初期状態では空のファイルになっています。AWSへのデプロイ時に外部パッケージもあわせて展開する場合、このファイルに該当のパッケージを列挙してください。詳しくは第4章でご説明します。

3.3 AWSにデプロイする

Hello worldがAWS環境で動作することを確認しましょう。そのためには、プロジェクトをAWSにデプロイする必要があります。chalice deployコマンドを実行してください。

1. デコレータについて詳しくはPython公式ドキュメントの https://docs.python.jp/3/glossary.html#term-decorator をご覧ください。
2. 変換は自動で行われ、その処理には json.dumps() が使われます。

```
(hobopy-backend) $ cd ~/hobopy/hobopy-backend
(hobopy-backend) $ chalice deploy --stage dev
Creating deployment package.
Creating IAM role: hobopy-backend-dev
Creating lambda function: hobopy-backend-dev
Creating Rest API
Resources deployed:
  - Lambda ARN: arn:aws:lambda:ap-northeast-1:...
  - Rest API URL: https://<your-rest-api-url>/
```

chalice deployコマンドを実行することによって、その裏側では次のような処理が自動的に行われます。

- プログラムの実行に必要となるIAMロールの作成
- 実際の処理を行うLambda関数の作成
- API Gatewayのエンドポイントの作成

次の図のような環境がコマンドひとつで作れてしまうのです。

図3.2: chalice deployコマンドによるデプロイ

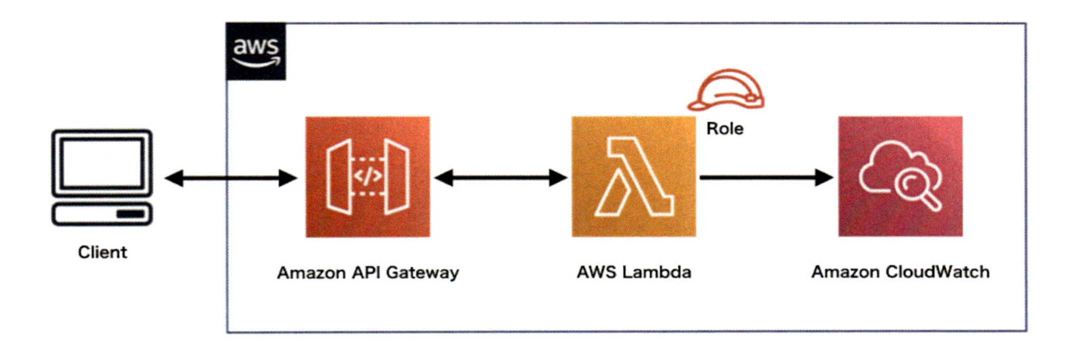

AWS上にサーバーレスAPIを構築するには、本来ならばこれらの作業を個別に行う必要があります。それをエンドポイントの数だけ繰り返すわけですから、システム全体で見るとかなりの作業量になるでしょう。Chaliceを使えば、そのような煩わしさから解放されるのです。

さて、**IAMロール**という新しい言葉が出てきましたので、簡単にご説明しましょう。IAMロールは、前章で登場したIAMユーザーと同様、IAMポリシーを介して権限を付与するものです。IAMロールを割り当てられたユーザーやサービスは、そのIAMロールにアタッチされているIAMポリシーが許可しているAWSリソースへのアクセスが可能になります。今回のchalice deployコマンドでは、**Amazon CloudWatch**[3]にログを出力する権限をLambda関数に対して付与しています。

3.https://aws.amazon.com/jp/cloudwatch/

IAMロールについて詳しくはAWS公式ドキュメントの「IAMロール」[4]をご覧ください。

chalice deployコマンドの--stageオプションはステージを指定するもので、config.json内の対応するステージの設定をもとにデプロイが行われます。実は、Chaliceの各コマンドは--stageオプションを省略するとdevステージが指定されたとみなされるため、今回の例のようにわざわざ--stage devと指定する必要はありません。しかし、不注意でステージを間違える事故を防ぐため、本書ではこのオプションを省略しないことにします。

それでは、デプロイしたAPIを呼び出してみます。デプロイ時のメッセージでRest API URLと表示されたURLにアクセスしましょう[5]。

```
$ http https://<your-rest-api-url>/
HTTP/1.1 200 OK
...

{
    "hello": "world"
}
```

index()の戻り値がHTTPレスポンスとして返ってくることが確認できました。

3.4 AWSから削除する

先ほどデプロイしたプログラムをAWSから削除してみましょう。chalice deleteコマンドを実行してください。

```
(hobopy-backend) $ cd ~/hobopy/hobopy-backend
(hobopy-backend) $ chalice delete --stage dev
Deleting Rest API: dev0123456
Deleting function: arn:aws:lambda:ap-northeast-1:...
Deleting IAM role: hobopy-backend-dev
```

chalice deleteコマンドで行われるのは、chalice deployとは裏返しの作業になります。

- IAMロールの削除
- Lambda関数の削除
- API Gatewayのエンドポイントの削除

繰り返しになりますが、これまでAWS上にサーバーレスAPIを構築するには、このような作業を個別に行う必要がありました。それが不要になるというだけでも、Chaliceを採用する大きな動機

4.https://docs.aws.amazon.com/ja_jp/IAM/latest/UserGuide/id_roles.html
5.URLを覚えていない場合は、chalice urlコマンドで確認できます。

になるのではないでしょうか。

3.5 ローカル環境で実行する

AWSへのデプロイおよび削除の方法をご紹介しました。これらの知識があれば実装したアプリの動作を確認できますが、開発中の小さな修正のたびにデプロイを繰り返すのは手間がかかります。また、API GatewayやLambdaは安価だとはいえ有料のサービスなので、なるべく使用量を抑えたいところでもあります[6]。

実は、Chaliceはローカル環境で動かすこともできます。chalice localコマンドを実行してください。

```
(hobopy-backend) $ cd ~/hobopy/hobopy-backend
(hobopy-backend) $ chalice local --stage dev
Serving on http://127.0.0.1:8000
```

メッセージに表示されているように、ローカルホストの8000番ポートでWebサーバーが起動します。

では、ローカル環境のAPIを呼び出してみましょう。ローカル環境での実行時にはconfig.jsonで指定したapi_gateway_stageの値は無視されることに注意してください。エンドポイントURLはhttp://127.0.0.1:8000/api/ではなく、http://127.0.0.1:8000/になります。

```
$ http http://127.0.0.1:8000/
HTTP/1.1 200 OK
...

{
    "hello": "world"
}
```

AWS環境で実行したときと同じレスポンスが返ってきました。

最終的にはAWS環境での確認が必要になるでしょうが、開発中はこのchalice localコマンドがとても役に立つはずです。本書でも基本的にはこの方法で動作確認を行います。

なお、稼働中のサーバーを終了させるにはCtrl + Cを入力してください。

Webサーバーを8000番以外のポートで起動する

chalice localコマンドを実行すると、デフォルトでは8000番ポートを使用してWebサーバーが起動します。もし別のアプリなどですでに8000番ポートが使われている場合、そのままではWebサーバーを立ち上げることができません。こんなときは--portオプションでポート番号を指定してください。

6. 急にお金の話が出てきましたが、本書の内容を実践する程度であれば無料枠の範囲に収まるでしょう。

```
(hobopy-backend) $ cd ~/hobopy/hobopy-backend
(hobopy-backend) $ chalice local --stage dev --port 8080
Serving on http://127.0.0.1:8080
```

`--port 8080`と指定することにより、8080番ポートでWebサーバーが起動しました。お使いの環境で8000番ポートが利用できない場合は、このオプションを指定してみてください。

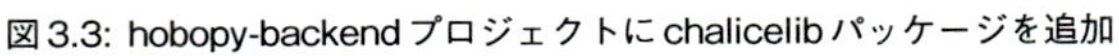

3.6 モジュールを分割する

Chaliceによる開発では、`app.py`にAPIの処理を実装していくことになります。

しかし、システムの規模が大きくなってくると、ひとつのファイルだけでコードを書くことに無理が出てきます。可能であれば適切な単位でモジュールを分割したいですよね。

Chaliceでは、`chalicelib`というパッケージ内のファイルは`app.py`とあわせてAWSにデプロイされる仕様となっています。このパッケージを利用してモジュールを分割しましょう。

本書後半のテスト編を担当するヤスタ=サンによると、第8章ではデータベースアクセスの処理をモック化してユニットテストを書きたいとのことなので、データベースまわりを別モジュールとして切り出すことにします。

図3.3: hobopy-backendプロジェクトにchalicelibパッケージを追加

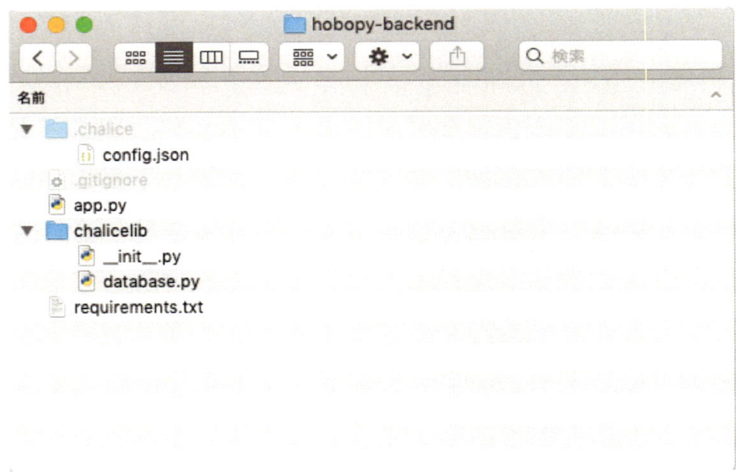

`chalicelib/__init__.py`は、`chalicelib`ディレクトリーがパッケージであることを示すためのファイルです[7]。今回のプロジェクトでは空ファイルで構いません。実際のデータベース関連の処理は`chalicelib/database.py`に実装していきます。

7. __init__.py について詳しくは Python 公式ドキュメントの https://docs.python.jp/3/tutorial/modules.html#packages をご覧ください。

3.7 パス変数を受け取る

それでは、database.pyにデータベースアクセスの処理を実装します……と言いたいところなのですが、そのためにはいくつかの準備が必要になります。本格的な処理の実装は次章に譲るとして、まずは簡易な疑似データベースを作ってみましょう。

リスト3.5: hobopy-backend/chalicelib/database.py

```
# ① 疑似データベースを定義する
BLUE_THREE = [
    {
        'id': 'L5',
        'title': '夢の舞台へ駆け上がる',
        'memo': 'TONOSAKI',
        'priority': 3,
        'completed': False,
    },
    {
        'id': 'L6',
        'title': '今ここで魅せる',
        'memo': 'GENDA',
        'priority': 2,
        'completed': False,
    },
    {
        'id': 'L8',
        'title': 'その瞬間を掴む',
        'memo': 'KANEKO',
        'priority': 1,
        'completed': False,
    }
]

# ② すべてのレコードを取得する
def get_all_todos():
    return BLUE_THREE

# ③ 指定されたIDのレコードを取得する
def get_todo(todo_id):
    for todo in BLUE_THREE:
        if todo['id'] == todo_id:
            return todo
    return None
```

先頭でデータベースを模したリストを作成しています（①）。ここでは3件の疑似レコードを定義しました。青の三連星！[8]

get_all_todos()はデータベースの全レコードを取得する関数です（②）。ここではBLUE_THREEをそのまま返しています。

get_todo()は引数で指定されたIDと合致するレコードを取得する関数です（③）。ここではidが一致するレコードを線形探索しています。

続いてapp.pyを実装しましょう。

リスト3.6: hobopy-backend/app.py

```
from chalice import Chalice
from chalicelib import database

app = Chalice(app_name='hobopy-backend')

# ① すべてのToDoを取得する
@app.route('/todos', methods=['GET'])
def get_all_todos():
    return database.get_all_todos()

# ② 指定されたIDのToDoを取得する
@app.route('/todos/{todo_id}', methods=['GET'])
def get_todo(todo_id):
    return database.get_todo(todo_id)
```

get_all_todos()は/todosへのアクセス時に呼び出される関数です（①）。routeデコレータの名前付き引数methodsには、対応するHTTPメソッドをリストで指定します[9]。今回の例では、https://<ベースURL>/<接頭辞>/todosにGETのアクセスがあったとき、get_all_todos()が呼び出されることになります。この関数は表3.1のNo.1「すべてのToDoを取得する」の処理になりますので、先ほど仮実装したdatabase.get_all_todos()の戻り値をそのまま返しています。

get_todo()は/todos/{todo_id}へのGETアクセス時に呼び出される関数です（②）。URLの{todo_id}の部分はget_todo()の引数todo_idに設定されます。たとえば、https://<ベースURL>/<接頭辞>/todos/metlifeへのGETアクセスがあると、get_todo('metlife')という関数呼び出しが行われることになります。この関数は表3.1のNo.2「指定されたIDのToDoを取得する」の処理になり、IDは引数todo_idで受け取っていますので、先ほど仮実装したdatabase.get_todo()の引数にそのIDを渡しています。

これでデータ取得処理がひとまず完成しました。動作の確認をしてみましょう。まずはNo.1「すべてのToDoを取得する」からです。

8.https://www.seibulions.jp/news/detail/00001601.html

9.methods 引数を省略した場合、HTTP メソッドにかかわらず関数が呼び出されるようになります。

```
$ http http://127.0.0.1:8000/todos
HTTP/1.1 200 OK
...

[
    {
        "completed": false,
        "id": "L5",
        "memo": "TONOSAKI",
        "priority": 3,
        "title": "夢の舞台へ駆け上がる"
    },
    {
        "completed": false,
        "id": "L6",
        "memo": "GENDA",
        "priority": 2,
        "title": "今ここで魅せる"
    },
    {
        "completed": false,
        "id": "L8",
        "memo": "KANEKO",
        "priority": 1,
        "title": "その瞬間を掴む"
    }
]
```

続いて、No.2「指定されたIDのToDoを取得する」の動作を確認します。

```
$ http http://127.0.0.1:8000/todos/L5
HTTP/1.1 200 OK
...

{
    "completed": false,
    "id": "L5",
    "memo": "TONOSAKI",
    "priority": 3,
    "title": "夢の舞台へ駆け上がる"
}
```

どちらも問題なく動いているようです。

3.8 HTTPエラーを返す

ここまで実装したAPIには、実はまだ課題がひとつ残っています。次章へ進む前に対応しておきましょう。

先ほど、疑似データベースに3件のレコードを定義しました。では、その3件とは合致しないIDを指定するとどうなるでしょうか。試しにL7を指定してみます。

```
$ http http://127.0.0.1:8000/todos/L7
HTTP/1.1 200 OK
...

null
```

HTTPステータスコードとして「200 OK」が返ってきました。しかし、指定したデータが存在しないのであれば、「404 Not Found」を返してほしいというのが正直なところではないでしょうか。

実は、特定の例外[10]をraiseするだけで、こんな仕様も簡単に実現できてしまいます。

リスト3.7: hobopy-backend/app.py

```
# NotFoundErrorのimportを追加
from chalice import Chalice, NotFoundError

# <略>

@app.route('/todos/{todo_id}', methods=['GET'])
def get_todo(todo_id):
    todo = database.get_todo(todo_id)
    if todo:
        return todo
    else:
        raise NotFoundError('Todo not found.')  # ① 404を返す
```

app.get_todo()の実装を変更しました。レコードが存在したときの処理は今までどおりですが、存在しなかった場合にはNotFoundErrorという例外をraiseしています（①）。

では、改めて実行してみましょう。

```
$ http http://127.0.0.1:8000/todos/L7
HTTP/1.1 404 Not Found
...

{
    "Code": "NotFoundError",
    "Message": "NotFoundError: Todo not found."
}
```

10. 例外について詳しくはPython公式ドキュメントのhttps://docs.python.org/ja/3/reference/executionmodel.html#exceptionsをご覧ください。

レスポンスとして、NotFoundErrorの名前と、例外に設定したメッセージが返されました。そして、HTTPステータスコードは404になっています。ひとまずこれで完成としましょう。

Chaliceには、HTTPステータスコードを変更するための例外がほかにも定義されています。必要に応じてこれらの例外も利用してみてください。

表3.2: HTTPステータスコードと対応する例外

HTTPステータスコード	例外
400	BadRequestError
401	UnauthorizedError
403	ForbiddenError
404	NotFoundError
409	ConflictError
422	UnprocessableEntityError
429	TooManyRequestsError
500	ChaliceViewError

第4章　DynamoDBでデータの永続化をしよう

4.1　DynamoDBとは

前章では疑似データベースからのデータ取得処理を実装しました。本章ではいよいよ本物のデータベースにアクセスしましょう。あわせて、データの登録、更新、削除の処理も追加していきます。

AWSのデータベースといえば、**Amazon RDS**[1]を思い浮かべる方もいらっしゃるでしょう。しかし、RDSを含むリレーショナルデータベース（以下**RDB**）は、実はあまりLambdaと相性がよくありません。

Lambdaはリクエストごとに別々のコンテナで処理が実行されるため、もし同時に10のリクエストがあれば10個のコンテナが立ち上がり、それぞれのコンテナからRDBに対してコネクションが張られることになります。この仕組みで同時リクエスト数が増えていくと、どこかでDBサーバーの限界がやってくるでしょう。

このような仕組みで動くLambdaと相性のよいデータベースとして**Amazon DynamoDB**[2]が挙げられます。DynamoDBは分散型のキーバリューデータストアで、アクセスが増えたとしてもスケーリングすることで対応ができます。詳しくはAWSドキュメントの「Amazon DynamoDBの特徴」[3]をご覧ください。

本書でもDynamoDBを利用してデータを永続化します。

4.2　テーブルを設計する

それでは、DynamoDBのテーブルを設計します。といっても、元になる疑似データベースがすでにありますから、改めて設計というほどの大げさな話ではありません。

表4.1: DynamoDBのテーブル設計

フィールド	型	概要	備考
id	String	ID	Partition Key
title	String	タイトル	—
memo	String	メモ	—
priority	Integer	重要度	—
completed	Boolean	完了	—

APIの仕様を考慮すると、ユニークキーによる検索ができれば十分で、範囲検索の機能は必要あり

1.https://aws.amazon.com/jp/rds/
2.https://aws.amazon.com/jp/dynamodb/
3.https://aws.amazon.com/jp/dynamodb/features/

ません。よって、検索のキーになるIDを**Partition Key**とし、**Sort Key**は設定しませんでした[4]。DynamoDBはスキーマレスなデータベースなので、実際にはPartition Key以外の項目については自由な形式で格納できますが、本書ではすべてのレコードを表4.1のレイアウトで保存します。

4.3 DynamoDBをシミュレートする

前章ではChaliceをローカル環境で動かすための方法をご紹介しました。それと同様に、ローカル環境で擬似的なDynamoDBを動かすための**DynamoDB Local**がAWSから提供されています。

https://docs.aws.amazon.com/ja_jp/amazondynamodb/latest/developerguide/DynamoDBLocal.DownloadingAndRunning.htmlにアクセスし、「アジアパシフィック（東京）リージョン」のファイルをダウンロードしてください。

DynamoDB Localを起動するには、ダウンロードしたアーカイブを解凍し、展開されたディレクトリー内で次のコマンドを実行します。

```
$ java -Djava.library.path=./DynamoDBLocal_lib -jar DynamoDBLocal.jar \
> -sharedDb -port 8001
```

今回のコマンドは長くなったために2行で表記しています。1行目を入力してEnterキーを押すとプロンプトの先頭が>に変わりますので、残りの`-sharedDb -port 8001`を入力してEnterを押してください。1行でまとめて入力する場合は、行継続文字\を除いて入力します。今後もコマンドが複数行にわたる場合は同様に表記しますのでご留意ください。

さて、DynamoDB Localはデフォルトでは8000番ポートで起動します。このポートは`chalice local`コマンドで起動するWebサーバーとバッティングしてしまうため、今回は`-port`オプションを使って8001番ポートを指定しました。必ずしも8001番ポートを使う必要はありませんが、別のポートで起動した場合は以降の記述を適宜読み替えてください。

なお、稼働中のDynamoDB Localを終了するにはCtrl + Cを入力します。

LocalStack

DynamoDB Localと同じような目的のツールに**LocalStack**[5]があります。LocalStackは、DynamoDBを含むAWSのさまざまなサービスをローカル環境でシミュレートしてくれます[6]。

本書のプログラムではここまでの機能は必要ありませんが、もっと多数のサービスを組み合わせたアプリを開発する場合、LocalStackがローカル環境構築の大きな助けになることでしょう。

5.https://github.com/localstack/localstack

6.https://github.com/localstack/localstack#overview

4.Partition KeyやSort Keyについて詳しくはAWS公式ドキュメントの https://docs.aws.amazon.com/ja_jp/amazondynamodb/latest/developerguide/HowItWorks.CoreComponents.html#HowItWorks.CoreComponents.PrimaryKey をご覧ください。

4.4 テーブルを作成する

DynamoDB Localの環境をセットアップしましょう。

まず、表4.1をもとにテーブル定義用のJSONを作成します。ここではテーブル名をTodosとしました。

リスト4.1: schema.json

```
{
    "TableName": "Todos",
    "KeySchema": [
        {
            "KeyType": "HASH",
            "AttributeName": "id"
        }
    ],
    "AttributeDefinitions": [
        {
            "AttributeName": "id",
            "AttributeType": "S"
        }
    ],
    "ProvisionedThroughput": {
        "WriteCapacityUnits": 1,
        "ReadCapacityUnits": 1
    }
}
```

idがStringのPartition Keyであることを定義しています。このJSONをschema.jsonというファイル名で保存し、ファイルのあるディレクトリーでaws dynamodb create-tableコマンドを実行してください。

```
$ aws dynamodb create-table --cli-input-json file://schema.json \
> --endpoint-url http://localhost:8001
{
    "TableDescription": {
        "TableArn": "arn:aws:dynamodb:ddblocal:000000000000:table/Todos",
        "AttributeDefinitions": [
            {
                "AttributeName": "id",
                "AttributeType": "S"
            }
        ],
        "ProvisionedThroughput": {
```

```
                "NumberOfDecreasesToday": 0,
                "WriteCapacityUnits": 1,
                "LastIncreaseDateTime": 0.0,
                "ReadCapacityUnits": 1,
                "LastDecreaseDateTime": 0.0
            },
            "TableSizeBytes": 0,
            "TableName": "Todos",
            "BillingModeSummary": {
                "LastUpdateToPayPerRequestDateTime": 0.0,
                "BillingMode": "PROVISIONED"
            },
            "TableStatus": "ACTIVE",
            "KeySchema": [
                {
                    "KeyType": "HASH",
                    "AttributeName": "id"
                }
            ],
            "ItemCount": 0,
            "CreationDateTime": 1226234160.000
        }
}
```

コマンド実行後に上記のようなJSONが表示されれば、テーブルは問題なく作成されています。何らかのエラーが表示された場合は、これまでの作業をもう一度見直してください。

4.5 初期データを投入する

続いて初期データを投入しましょう。前章で疑似データベースとして定義したデータをもとにJSONを作成します。

リスト4.2: initial-data.json

```
{
    "Todos": [
        {
            "PutRequest": {
                "Item": {
                    "id": {
                        "S": "L5"
                    },
                    "title": {
                        "S": "夢の舞台へ駆け上がる"
                    },
                    "memo": {
                        "S": "TONOSAKI"
```

```
            },
            "priority": {
                "N": "3"
            },
            "completed": {
                "BOOL": false
            }
        }
    }
},
{
    "PutRequest": {
        "Item": {
            "id": {
                "S": "L6"
            },
            "title": {
                "S": "今ここで魅せる"
            },
            "memo": {
                "S": "GENDA"
            },
            "priority": {
                "N": "2"
            },
            "completed": {
                "BOOL": false
            }
        }
    }
},
{
    "PutRequest": {
        "Item": {
            "id": {
                "S": "L8"
            },
            "title": {
                "S": "その瞬間を掴む"
            },
            "memo": {
```

```
                    "S": "KANEKO"
                },
                "priority": {
                    "N": "1"
                },
                "completed": {
                    "BOOL": false
                }
            }
        }
    }
    ]
}
```

このJSONを`initial-data.json`というファイル名で保存し、ファイルのあるディレクトリーで`aws dynamodb batch-write-item`コマンドを実行してください。

```
$ aws dynamodb batch-write-item --request-items file://initial-data.json \
> --endpoint-url http://localhost:8001
{
    "UnprocessedItems": {}
}
```

JSONのデータが正しく投入できているか確認してみましょう。`aws dynamodb scan`コマンドを実行します。

```
$ aws dynamodb scan --table-name Todos --endpoint-url http://localhost:8001
{
    "Count": 3,
    "Items": [
        {
            "priority": {
                "N": "2"
            },
            "memo": {
                "S": "GENDA"
            },
            "id": {
                "S": "L6"
            },
            "completed": {
                "BOOL": false
            },
            "title": {
```

```
                "S": "今ここで魅せる"
            }
        },
        {
            "priority": {
                "N": "1"
            },
            "memo": {
                "S": "KANEKO"
            },
            "id": {
                "S": "L8"
            },
            "completed": {
                "BOOL": false
            },
            "title": {
                "S": "その瞬間を掴む"
            }
        },
        {
            "priority": {
                "N": "3"
            },
            "memo": {
                "S": "TONOSAKI"
            },
            "id": {
                "S": "L5"
            },
            "completed": {
                "BOOL": false
            },
            "title": {
                "S": "夢の舞台へ駆け上がる"
            }
        }
    ],
    "ScannedCount": 3,
    "ConsumedCapacity": null
}
```

投入が正しく行われていれば、3件のレコードが返ってくるはずです。

4.6 DynamoDBに接続する

プログラムからDynamoDBへアクセスするため、`config.json`にDynamoDB関連の設定を追加します。

リスト4.3: hobopy-backend/.chalice/config.json

```
{
  "version": "2.0",
  "app_name": "hobopy-backend",
  "api_gateway_stage": "api",
  "stages": {
    "dev": {
      "environment_variables": {
        "DB_ENDPOINT": "http://127.0.0.1:8001",
        "DB_TABLE_NAME": "Todos"
      }
    },
    "prod": {
      "autogen_policy": false,
      "environment_variables": {
        "DB_TABLE_NAME": "Todos"
      }
    }
  }
}
```

devとprodのふたつのステージを定義しました。devはchalice localコマンドで起動するローカル環境用のステージ、prodはAWSにデプロイするためのステージです。

environment_variablesは環境変数を設定する領域で、ここに設定した値はPythonのコード内からos.environを通して参照できます。ここではDynamoDBのテーブル名をDB_TABLE_NAMEに、DynamoDB LocalのエンドポイントをdevステージのDB_ENDPOINTに設定しています。

また、prodステージにのみautogen_policyの設定がありますが、これについては「4.10 AWS環境にデプロイする」で詳しくご説明します。

続いて、database.pyも修正しましょう。get_all_todos()、get_todo()のシグネチャは変えずに、疑似データベースをDynamoDBに置き換えていきます。Boto3によるDynamoDBの操作について詳しくはBoto3ユーザーガイド[7]をご覧ください。

リスト4.4: hobopy-backend/chalicelib/database.py

```
import os
import boto3
from boto3.dynamodb.conditions import Key

# ① DynamoDBへの接続を取得する
def _get_database():
```

7.https://boto3.amazonaws.com/v1/documentation/api/latest/guide/dynamodb.html

```
    endpoint = os.environ.get('DB_ENDPOINT')
    if endpoint:
        return boto3.resource('dynamodb', endpoint_url=endpoint)
    else:
        return boto3.resource('dynamodb')

# ② すべてのレコードを取得する
def get_all_todos():
    table = _get_database().Table(os.environ['DB_TABLE_NAME'])
    response = table.scan()
    return response['Items']

# ③ 指定されたIDのレコードを取得する
def get_todo(todo_id):
    table = _get_database().Table(os.environ['DB_TABLE_NAME'])
    response = table.query(
        KeyConditionExpression=Key('id').eq(todo_id)
    )
    items = response['Items']
    return items[0] if items else None
```

`_get_database()`はDynamoDBへの接続を返します（①）。環境変数`DB_ENDPOINT`の指定がある`dev`ステージではDynamoDB Local、指定のない`prod`ステージではAWS上のDynamoDBに接続されます。

`get_all_todos()`はテーブルをスキャンし、すべてのレコードを返します（②）。`get_todo()`は、指定されたIDをもとにキーによる検索を行います（③）。

では、APIを呼び出してみましょう。まずは全件取得からです。

```
$ http http://127.0.0.1:8000/todos
HTTP/1.1 200 OK
...

[
    {
        "completed": false,
        "id": "L6",
        "memo": "GENDA",
        "priority": 2.0,
        "title": "今ここで魅せる"
    },
    {
        "completed": false,
        "id": "L8",
```

```
        "memo": "KANEKO",
        "priority": 1.0,
        "title": "その瞬間を掴む"
    },
    {
        "completed": false,
        "id": "L5",
        "memo": "TONOSAKI",
        "priority": 3.0,
        "title": "夢の舞台へ駆け上がる"
    }
]
```

ソートをしていないためにデータの並び順は異なりますが、疑似データベースのときと同じデータが返ってきました。

続いて、IDを指定してみましょう。

```
$ http http://127.0.0.1:8000/todos/L5
HTTP/1.1 200 OK
...

{
    "completed": false,
    "id": "L5",
    "memo": "TONOSAKI",
    "priority": 3.0,
    "title": "夢の舞台へ駆け上がる"
}
```

最後に、存在しないIDを指定してエラーを発生させてみましょう。

```
$ http http://127.0.0.1:8000/todos/L7
HTTP/1.1 404 Not Found
...

{
    "Code": "NotFoundError",
    "Message": "NotFoundError: Todo not found."
}
```

どの処理も問題なく動いているようです。

4.7 データを登録する

ここまでの実装でデータの取得処理が完成しました。残っている登録、更新、削除の処理も実装していきましょう。

表4.2: Web API仕様（再掲）

No.	HTTPメソッド	URL	機能
1	GET	/todos	すべてのToDoを取得する
2	GET	/todos/{todo_id}	指定されたIDのToDoを取得する
3	POST	/todos	ToDoを登録する
4	PUT	/todos/{todo_id}	指定されたIDのToDoを更新する
5	DELETE	/todos/{todo_id}	指定されたIDのToDoを削除する

まずはNo.3「ToDoを登録する」です。データベースにアクセスするdatabase.pyから実装していきます。

リスト4.5: hobopy-backend/chalicelib/database.py

```
# 追加
import uuid

# <略>

def create_todo(todo):
    # ① 登録内容を作成する
    item = {
        'id': uuid.uuid4().hex,
        'title': todo['title'],
        'memo': todo['memo'],
        'priority': todo['priority'],
        'completed': False,
    }

    # ② DynamoDBにデータを登録する
    table = _get_database().Table(os.environ['DB_TABLE_NAME'])
    table.put_item(Item=item)
    return item
```

create_todo()を追加しました。

まず、引数をもとに登録内容の辞書を作っています（①）。このとき、idにはUUID値、completedにはFalseを設定します。そして、Table.put_item()を呼び出してDynamoDBにデータを登録しています（②）。

続いて、app.pyにAPIのエンドポイントを追加しましょう。

リスト4.6: hobopy-backend/app.py

```
# BadRequestErrorを追加
from chalice import BadRequestError, Chalice, NotFoundError

# <略>

@app.route('/todos', methods=['POST'])
def create_todo():
    # ① リクエストメッセージボディを取得する
    todo = app.current_request.json_body

    # ② 必須項目をチェックする
    for key in ['title', 'memo', 'priority']:
        if key not in todo:
            raise BadRequestError(f"{key} is required.")

    # ③ データを登録する
    return database.create_todo(todo)
```

/todosへのPOSTリクエスト時に呼び出されるcreate_todo()を追加しました。

app.current_request.json_bodyには、リクエストメッセージボディの内容がPythonオブジェクトに変換された状態で格納されています（①）。そのオブジェクトの中にtitle、memo、priorityが含まれていない場合はBadRequestErrorをraiseして処理を中断します（②）。すべて含まれていれば、先ほど実装したdatabase.create_todo()を呼び出します（③）。

これで登録処理が実装できました。さっそく実行してみましょう。これまでのデータ取得処理とは異なり、今回はPOSTでJSONを送信する必要があります。

```
$ http POST http://127.0.0.1:8000/todos title=熱い獅子の魂を魅せる \
> memo=CHANCE4 priority:=3
HTTP/1.1 200 OK
...

{
    "completed": false,
    "id": "0123456789abcdef0123456789abcdef",
    "memo": "CHANCE4",
    "priority": 3,
    "title": "熱い獅子の魂を魅せる"
}
```

{"title": "熱い獅子の魂を魅せる", "memo": "CHANCE4", "priority": 3}というJSONを送信するため、HTTPieのパラメータにtitle=熱い獅子の魂を魅せる memo=CHANCE4 priority:=3を指定し

ています。キーと値を結ぶとき、文字列には=を、数値や真偽値には:=を使うことに注意してください。

さて、正しく登録できているでしょうか。検索のAPIで確認してみましょう[8]。

```
$ http http://127.0.0.1:8000/todos/0123456789abcdef0123456789abcdef
HTTP/1.1 200 OK
...

{
    "completed": false,
    "id": "0123456789abcdef0123456789abcdef",
    "memo": "CHANCE4",
    "priority": 3.0,
    "title": "熱い獅子の魂を魅せる"
}
```

問題なく登録されているようです。

続いて、バリデーションを確認しましょう。priorityが含まれていないJSONを送信してみます。

```
$ http POST http://127.0.0.1:8000/todos title=青く染まるスタンドを狙う \
> memo=CHANCE4
HTTP/1.1 400 Bad Request
...

{
    "Code": "BadRequestError",
    "Message": "BadRequestError: priority is required."
}
```

priorityが必須というエラーが返ってきました。こちらも問題なさそうですね。

4.8 データを更新する

No.4「指定されたIDのToDoを更新する」の機能を追加します。今回もdatabase.pyから実装していきましょう。

リスト4.7: hobopy-backend/chalicelib/database.py

```
# <略>

def update_todo(todo_id, changes):
    table = _get_database().Table(os.environ['DB_TABLE_NAME'])
```

8. 前述のとおりidはUUID値ですので、登録したときに表示されたidでコマンドを読み替えてください。

```
    # ① クエリを構築する
    update_expression = []
    expression_attribute_values = {}
    for key in ['title', 'memo', 'priority', 'completed']:
        if key in changes:
            update_expression.append(f"{key} = :{key[0:1]}")
            expression_attribute_values[f":{key[0:1]}"] = changes[key]

    # ② DynamoDBのデータを更新する
    result = table.update_item(
        Key={
            'id': todo_id,
        },
        UpdateExpression='set ' + ','.join(update_expression),
        ExpressionAttributeValues=expression_attribute_values,
        ReturnValues='ALL_NEW'
    )
    return result['Attributes']
```

update_todo()を追加しました。

まず、引数で指定されたchangesをもとに、update_expressionとexpression_attribute_valuesを組み立てています（①）。たとえばchangesに{'title': 'タイトル', 'memo': 'メモ'}が渡された場合、update_expressionは['title = :t', 'memo = :m']に、expression_attribute_valuesは{':t': 'タイトル', ':m': 'メモ'}になります。

そして、update_expressionとexpression_attribute_valuesをもとにクエリを作成し、Table.update_item()を呼び出してDynamoDBのデータを更新します（②）。

続いて、app.pyにも実装を追加しましょう。

リスト4.8: hobopy-backend/app.py

```
# <略>

@app.route('/todos/{todo_id}', methods=['PUT'])
def update_todo(todo_id):
    changes = app.current_request.json_body

    # ① データを更新する
    return database.update_todo(todo_id, changes)
```

/todos/{todo_id}へのPUTリクエスト時に呼び出されるupdate_todo()を追加しました。パス変数とリクエストメッセージボディの値をもとに、先ほど実装したdatabase.update_todo()を呼び出しています（①）。

では、登録機能で追加したデータの`completed`を`true`に更新してみましょう[9]。

```
$ http PUT http://127.0.0.1:8000/todos/0123456789abcdef0123456789abcdef \
> completed:=true
HTTP/1.1 200 OK
...

{
    "completed": true,
    "id": "0123456789abcdef0123456789abcdef",
    "memo": "CHANCE4",
    "priority": 3.0,
    "title": "熱い獅子の魂を魅せる"
}
```

検索のAPIを呼び出して、正しく更新されていることを確認しましょう。

```
$ http http://127.0.0.1:8000/todos/0123456789abcdef0123456789abcdef
HTTP/1.1 200 OK
...

{
    "completed": true,
    "id": "0123456789abcdef0123456789abcdef",
    "memo": "CHANCE4",
    "priority": 3.0,
    "title": "熱い獅子の魂を魅せる"
}
```

`completed`が`true`に変わっていますね。これで更新処理も実装できました。

4.9 データを削除する

最後はNo.5「指定されたIDのToDoを削除する」です。例によって`database.py`から実装します。

リスト4.9: hobopy-backend/chalicelib/database.py

```
# <略>

def delete_todo(todo_id):
    table = _get_database().Table(os.environ['DB_TABLE_NAME'])

    # ① DynamoDBのデータを削除する
```

9. 繰り返しになりますが、idはUUID値ですので、登録したときに表示されたidでコマンドを読み替えてください。

```
    result = table.delete_item(
        Key={
            'id': todo_id,
        },
        ReturnValues='ALL_OLD'
    )
    return result['Attributes']
```

delete_todo()を追加しました。

この関数では、引数で受け取ったIDをもとにTable.delete_item()を呼び出してデータを削除しています（①）。登録や更新とは違ってID以外の値を渡すが必要ないので、今までの機能に比べるとスッキリしていますね。

続いて、app.pyにAPIのエンドポイントを実装します。

リスト4.10: hobopy-backend/app.py

```
# <略>

@app.route('/todos/{todo_id}', methods=['DELETE'])
def delete_todo(todo_id):
    # ① データを削除する
    return database.delete_todo(todo_id)
```

/todos/{todo_id}へのDELETEリクエスト時に呼び出されるdelete_todo()を追加しました。引数で指定されたIDをもとにdatabase.delete_todo()を呼び出すおなじみの構造です（①）。

それでは、先ほどのデータを削除してみましょう[10]。

```
$ http DELETE http://127.0.0.1:8000/todos/0123456789abcdef0123456789abcdef
HTTP/1.1 200 OK
...

{
    "completed": true,
    "id": "0123456789abcdef0123456789abcdef",
    "memo": "CHANCE4",
    "priority": 3.0,
    "title": "熱い獅子の魂を魅せる"
}
```

削除されたことを確認するため、全件取得のAPIを呼び出します。

10. もう聞き飽きたかもしれませんが、idはUUID値ですので、登録したときに表示されたidでコマンドを読み替えてください。

```
$ http http://127.0.0.1:8000/todos
HTTP/1.1 200 OK
...

[
    {
        "completed": false,
        "id": "L6",
        "memo": "GENDA",
        "priority": 2.0,
        "title": "今ここで魅せる"
    },
    {
        "completed": false,
        "id": "L8",
        "memo": "KANEKO",
        "priority": 1.0,
        "title": "その瞬間を掴む"
    },
    {
        "completed": false,
        "id": "L5",
        "memo": "TONOSAKI",
        "priority": 3.0,
        "title": "夢の舞台へ駆け上がる"
    }
]
```

削除されているようです。これで登録、更新、削除の処理がすべて実装できました。

4.10 AWS環境にデプロイする

バックエンドのWeb APIが完成しました。AWS環境で動作を確認するため、さっそくchalice deploy……と行きたいところですが、その前にやらなければいけないことが残っています。

4.10.1 DynamoDBをセットアップする

AWS環境のDynamoDBにテーブルを作成し、初期データを投入しましょう。DynamoDB Localのために作ったJSONがそのまま使えますので、必要なのはコマンドを実行することだけです。

まず、schema.jsonの置かれたディレクトリーでaws dynamodb create-tableコマンドを実行します。

```
$ aws dynamodb create-table --cli-input-json file://schema.json
{
...
}
```

続いて、initial-data.jsonの置かれたディレクトリーでaws dynamodb batch-write-itemコマンドを実行しましょう。

```
$ aws dynamodb batch-write-item --request-items file://initial-data.json
{
    "UnprocessedItems": {}
}
```

これでDynamoDBのセットアップは完了です。

4.10.2 requirements.txtを更新する

chalice new-projectコマンドでプロジェクトを開始したときに、requirements.txtという名前の空ファイルができました。このファイルはプロジェクトが依存している外部パッケージを指定し、デプロイ時にプログラムとあわせてAWSに展開するためのものです。

Boto3の機能をAWS環境でも利用するため、pip freezeの結果でrequirements.txtを更新しましょう[11]。

```
(hobopy-backend) $ cd ~/hobopy/hobopy-backend
(hobopy-backend) $ pip freeze | grep boto3 >> requirements.txt
```

これでAWS環境でもBoto3が使えるようになりました。

4.10.3 IAMロールの定義ファイルを作成する

プログラムからDynamoDBにアクセスするためには、Lambda関数に対してDynamoDBへのアクセス権限を持ったIAMロールを割り当てる必要があります。

本来であれば、Chaliceにはデプロイ時にソースコードを解析し、必要なアクセス権限を持ったIAMロールを自動で作成する機能があります。しかし、その機能で正しく解析できるのはboto3.client経由でアクセスしているサービスだけで、今回のようにboto3.resourceを使うと対象にならないようです。残念。

「4.6 DynamoDBに接続する」で、config.jsonのpordステージの設定に"autogen_policy": falseを追加しました。これはChaliceのIAMロール自動作成機能を使わず、定義ファイルからIAMロールを作成するという設定になります。

IAMロールの定義ファイルは、.chaliceディレクトリーにpolicy-<ステージ名>.jsonという名前で作ります。今回はprodステージが対象なのでpolicy-prod.jsonですね。次の内容でファイルを作成してください。

11.pip freezeについて詳しくはpip公式ドキュメントのhttps://pip.pypa.io/en/stable/reference/pip_freeze/をご覧ください。

リスト4.11: hobopy-backend/.chalice/policy-prod.json

```
{
    "Version": "2012-10-17",
    "Statement": [
        {
            "Effect": "Allow",
            "Action": [
                "logs:CreateLogGroup",
                "logs:CreateLogStream",
                "logs:PutLogEvents"
            ],
            "Resource": "arn:aws:logs:*:*:*"
        },
        {
            "Effect": "Allow",
            "Action": [
                "dynamodb:PutItem",
                "dynamodb:DeleteItem",
                "dynamodb:UpdateItem",
                "dynamodb:GetItem",
                "dynamodb:Scan",
                "dynamodb:Query"
            ],
            "Resource": [
                "*"
            ]
        }
    ]
}
```

前半部分の`logs:...`はChaliceのフレームワークに組み込まれているログ出力のための権限、後半部分の`dynamodb:...`がDynamoDBへのアクセス権限になっています。

4.10.4 AWS環境で実行する

これで準備が整いました。`chalice deploy`コマンドでデプロイしましょう。

```
(hobopy-backend) $ cd ~/hobopy/hobopy-backend
(hobopy-backend) $ chalice deploy --stage prod
Creating deployment package.
Creating IAM role: hobopy-backend-prod-api_handler
Creating lambda function: hobopy-backend-prod
```

```
Creating Rest API
Resources deployed:
  - Lambda ARN: arn:aws:lambda:ap-northeast-1:...
  - Rest API URL: https://<your-rest-api-url>/
```

動作確認のため、全件取得のAPIを呼び出してみます。

```
$ http https://<your-rest-api-url>/todos
HTTP/1.1 200 OK
...

[
    {
        "completed": false,
        "id": "L5",
        "memo": "TONOSAKI",
        "priority": 3.0,
        "title": "夢の舞台へ駆け上がる"
    },
    {
        "completed": false,
        "id": "L6",
        "memo": "GENDA",
        "priority": 2.0,
        "title": "今ここで魅せる"
    },
    {
        "completed": false,
        "id": "L8",
        "memo": "KANEKO",
        "priority": 1.0,
        "title": "その瞬間を掴む"
    }
]
```

AWS環境でも問題なく動いているようです。もしエラーが発生した場合は、ここまでの手順をもう一度見直してください。

これでバックエンドのWeb APIが実装できました。次章ではフロントエンドを実装し、アプリを完成させましょう。

第5章　Transcryptで画面の実装をしよう

5.1　HTMLで画面を作成する

前章までの実装でバックエンドのWeb APIがひとまず完成しました。引き続き、本章ではフロントエンドを実装します。hobopyの下にhobopy-frontendというディレクトリーを作成し、その中で6つのファイルを実装していきましょう。

図5.1: hobopy-frontendディレクトリー

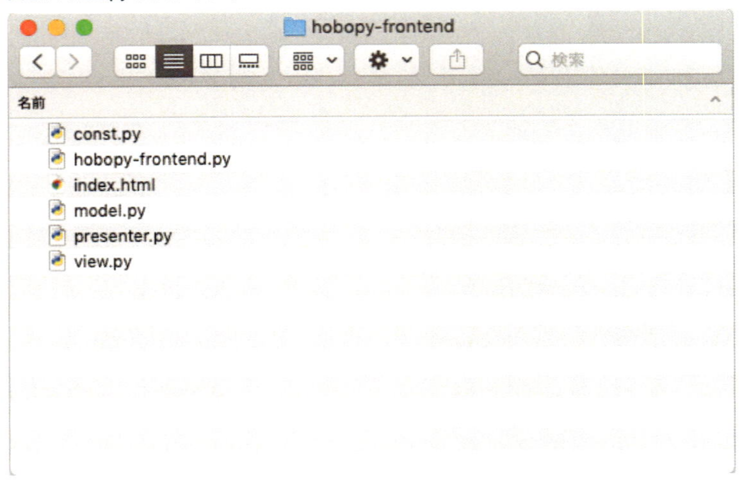

Webアプリのフロントエンドを実装するためには、HTML、CSS、JavaScriptが必要になります。本書ではデザインに**Bootstrap**[1]を利用し、独自のCSSを書くことはありません。また、スクリプトに関しては、Transcryptを通してPythonのコードをJavaScriptに変換します。つまり、JavaScriptを直接書くこともありません。

しかし、HTMLだけはそのまま扱わざるを得ません。しつこいようですが、本書のタイトルは『**ほぼ**Pythonだけでサーバーレスアプリをつくろう』なのです。観念してHTMLを作ってしまいましょう。

リスト5.1: hobopy-frontend/index.html

```
<!DOCTYPE html>
<html>
  <head>
    <meta charset="utf-8">
    <title>ほぼPythonだけでサーバーレスアプリをつくろう</title>
```

1.http://getbootstrap.com/

```
  <!-- ① Bootstrapを利用する -->
  <link rel="stylesheet"
    href="http://cdn.honokak.osaka/honoka/4.3.1/css/bootstrap.min.css">

</head>
<body>
  <nav class="navbar navbar-dark bg-dark">
    <a class="navbar-brand" href="#">
      ほぼPythonだけでサーバーレスアプリをつくろう</a>
    <button class="btn btn-outline-warning" id="new-todo" data-toggle="modal"
      data-target="#input-form">新規登録</button>
  </nav>
  <table class="table table-hover">
    <thead>
      <th scope="col"></th>
      <th scope="col">タイトル</th>
      <th scope="col">メモ</th>
      <th scope="col">重要度</th>
      <th scope="col"></th>
      <th scope="col"></th>
    </thead>

    <!-- ② ToDoリストの表示領域 -->
    <tbody id="todo-list">
    </tbody>

  </table>

  <!-- ③ 新規登録／変更用モーダルダイアログ領域 -->
  <div class="modal fade" id="input-form" tabindex="-1" role="dialog">
    <div class="modal-dialog modal-dialog-centered" role="document">
      <div class="modal-content">
        <div class="modal-header">
          <h5 class="modal-title" id="modal-title"></h5>
          <button type="button" class="close" data-dismiss="modal"
            aria-label="Close">
            <span aria-hidden="true">&times;</span>
          </button>
        </div>
        <div class="modal-body">
```

```
          <input type="hidden" id="modal-todo-id">
          <div class="form-group">
            <label for="modal-todo-title">タイトル</label>
            <input type="text" class="form-control" id="modal-todo-title">
          </div>
          <div class="form-group">
            <label for="modal-todo-memo">メモ</label>
            <input type="text" class="form-control" id="modal-todo-memo">
          </div>
          <div class="form-group">
            <label for="modal-todo-priority">重要度</label>
            <select class="form-control" id="modal-todo-priority">
              <option value="1">低</option>
              <option value="2">中</option>
              <option value="3">高</option>
            </select>
          </div>
        </div>
        <div class="modal-footer">
          <button type="button" class="btn btn-secondary"
            data-dismiss="modal">閉じる</button>
          <button type="button" class="btn btn-primary" id="register-button">
            登録</button>
        </div>
      </div>
    </div>
  </div>

  <!-- ④ jQueryを利用する -->
  <script src="https://code.jquery.com/jquery-3.4.1.min.js"></script>
  <script src="https://cdnjs.cloudflare.com/ajax/libs/popper.js/1.15.0/umd/pop
per.min.js"></script>
  <script src="https://stackpath.bootstrapcdn.com/bootstrap/4.3.1/js/bootstrap
.min.js"></script>
  <script type="module" src="__target__/hobopy-frontend.js"></script>

</body>
</html>
```

本書ではCSSフレームワークのBootstrapを利用します（①）。今回は日本語表示に最適化された

Bootstrapテーマの**Honoka**[2]を採用しました。筆者の個人的な趣味[3]でテーマを選択しましたので、別のテーマやプレーンなBootstrapを利用してもまったく問題はありません。

ナビゲーションの下の`table`はToDoの表示領域です。`todo-list`というIDの`tbody`内にToDoのリストを動的に表示します（②）。

`input-form`というIDの`div`は入力フォームです（③）。Bootstrapの機能を利用し、モーダルダイアログとして表示します。

また、本書ではjQueryを利用します（④）。Angular[4]、React[5]、Vue.js[6]などを利用すればもっと簡潔に実装できるでしょうが、どれを選んだとしてもフレームワーク自体の解説が必要となってしまいます。そこで、多くの方がすでにご存じであろうjQueryを採用しました。jQueryについてあまり詳しくない方は、公式ドキュメント[7]を参照しながら読み進めてください。

5.2 CORSに対応する

本章で実装するフロントエンドは、最終的には**Amazon S3**[8]にアップロードされます。一方、Chaliceで実装したWeb APIのエンドポイントはAPI Gatewayになります。両者は異なるオリジンですから、そのままではフロントエンドのスクリプトからバックエンドのAPIを呼び出すことができません。

これでは困りますので、Cross-Origin Resource Sharing（以下**CORS**）の仕組みを利用して、APIがフロントエンドからの要求を受け付けられるようにしましょう[9]。CORSを有効にするには、`app.py`の`route`デコレータに`cors=True`という引数を追加します。

リスト5.2: hobopy-backend/app.py

```
# <略>

@app.route('/todos', methods=['GET'], cors=True)
def get_all_todos():

# <略>

@app.route('/todos/{todo_id}', methods=['GET'], cors=True)
def get_todo(todo_id):

# <略>
```

2.http://honokak.osaka/
3.http://www.lovelive-anime.jp/
4.https://angular.jp/
5.https://ja.reactjs.org/
6.https://jp.vuejs.org/
7.https://api.jquery.com/
8.https://aws.amazon.com/jp/s3/
9.CORSについて詳しくはMDN web docsのhttps://developer.mozilla.org/ja/docs/Web/HTTP/CORSをご覧ください。

```
@app.route('/todos', methods=['POST'], cors=True)
def create_todo():

# <略>

@app.route('/todos/{todo_id}', methods=['PUT'], cors=True)
def update_todo(todo_id):

# <略>

@app.route('/todos/{todo_id}', methods=['DELETE'], cors=True)
def delete_todo(todo_id):

# <略>
```

この修正により、APIのレスポンスヘッダに`Access-Control-Allow-Origin: *`が追加されるようになりました。

5.3 初期表示処理を実装する

フロントエンドはMVPアーキテクチャで実装していきます[10]。MVPアーキテクチャでは、Model、View、Presenterの構成でアプリを実装します。

図5.2: MVPアーキテクチャ

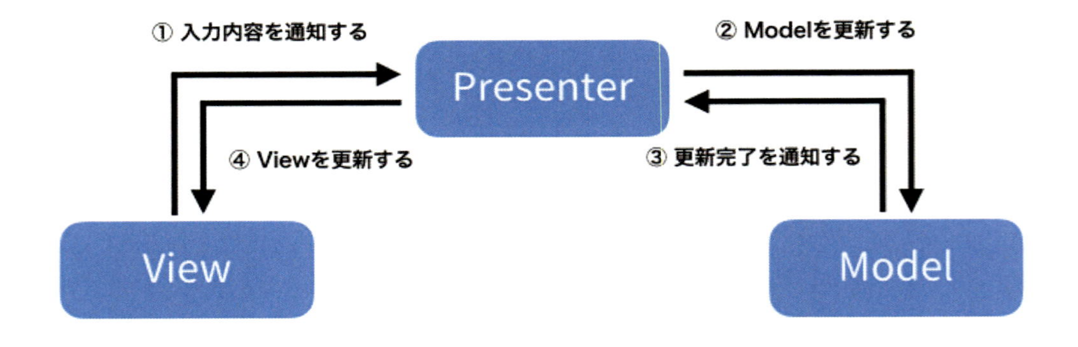

Modelはデータやビジネスロジックを扱う要素です。Viewは画面の入出力を扱う要素です。Presenterは変更の指示をModelに伝達し、Modelの変更をViewに反映させる役割を持ちます。

10. 厳密にはMVPアーキテクチャのPassive Viewパターンを採用しています。MVPにはもうひとつSupervising Controllerというパターンもありますが、本書はアーキテクチャの解説書ではありませんので説明は割愛させていただきます。興味のある方はご自分で調べてみてください。

処理の流れを見てみましょう。まず、Viewが画面からの入力を受け付け、Presenterに通知します（①）。PresenterはModelに対し、入力内容に応じたデータの操作を指示します（②）。データの操作が終わると、Modelはその旨をPresenterに通知します（③）。最後に、PresenterはViewにModelの変更を反映します（④）。

本書ではModel、View、Presenterというクラスを定義し、②と④に関してはModelやViewのメソッドを呼び出すことで実現します。①については、クリックなどのイベントをPresenterのメソッドにバインドすることで、Viewではなくブラウザーから直接Presenterを呼び出してもらいます。③については、Modelが「データに変更があった」というイベントを発火し、そのイベントにバインドされたPresenterのメソッドを間接的に呼び出します。

さて、これまでの内容を踏まえ、画面の初期表示処理を実装していきましょう。まずはconst.pyに定数を定義します。

リスト5.3: hobopy-frontend/const.py

```
BASE_URL = 'http://127.0.0.1:8000/'
```

APIのベースURLを定数として切り出しました。続いて、スクリプトのエントリーポイントとなるhobopy-frontend.pyを実装しましょう。

リスト5.4: hobopy-frontend/hobopy-frontend.py

```
# ① エイリアスを定義する
__pragma__('alias', 'S', '$')

from presenter import Presenter

presenter = Presenter()
S(presenter.start())
```

先頭の__pragma__はSを$に置き換えるというTranscryptのエイリアス定義です（①）。jQueryでは$関数を多用しますが、Pythonでは識別子に$の文字を使うことはできません。このエイリアス定義により、Pythonコード内のSが変換後のJavaScriptでは$に置き換えられます。

本書では$の置き換え文字列としてSを使います。Pythonの識別子に使える文字列であれば何でも構わないのですが、Sを使うことでjQueryらしいコードになるからです。最後の行のS(presenter.start())は、目を細めると$(presenter.start());に見えてきませんか……？

続いて、Modelクラスを実装します。

リスト5.5: hobopy-frontend/model.py

```
__pragma__('alias', 'S', '$')

from const import BASE_URL
```

```
class Model:
    # コンストラクタ
    def __init__(self):
        self._todos = []

    # ① 指定されたIDのToDoを取得する
    def get_todo(self, todo_id):
        for todo in self._todos:
            if todo['id'] == todo_id:
                return todo
        return None

    # ② すべてのToDoを取得する
    def get_all_todos(self):
        return self._todos

    # ③ 全件取得のAPIを呼び出す
    def load_all_todos(self):
        S.ajax({
            'url': f"{BASE_URL}todos",
            'type': 'GET',
        }).done(
            self._success_load_all_todos
        ).fail(
            lambda d: alert('サーバーとの通信に失敗しました。')
        )

    # ④ load_all_todos()成功時の処理
    def _success_load_all_todos(self, data):
        self._todos = data
        S('body').trigger('todos-updated')
```

get_todo()とget_all_todos()はToDoの情報を取得するためのメソッドで、Presenterから呼び出されます（①②）。load_all_todos()は全件取得のAPIを呼び出しています（③）。_success_load_all_todos()は全件取得APIに対するアクセス成功時の処理で、取得したデータをインスタンス変数_todosに格納してからtodos-updatedイベントを発火しています（④）。

なお、このサンプルでは通信の失敗時には単にメッセージを表示しているだけですが、実際のプロジェクトであれば正常な状態に復帰するためのケアをするべきです。余力のある方は、Web APIに対するリトライの処理を追加してみてもよいでしょう。

続いてViewクラスです。

リスト5.6: hobopy-frontend/view.py

```
__pragma__('alias', 'S', '$')

class View:
    # ① ToDoリストを描画する
    def render_todo_list(self, data):
        S('#todo-list').empty()
        for todo in data:
            S('#todo-list').append(self._create_todo_row(todo))

    # ② ToDoの明細行を生成する
    def _create_todo_row(self, todo):
        return f"""
            <tr>
                <td>
                    <input type='checkbox' class="toggle-checkbox"
                        id='check-{todo['id']}'
                        {'checked' if todo['completed'] else ''}>
                </td>
                <td>{todo['title']}</td>
                <td>{todo['memo']}</td>
                <td>{['低', '中', '高'][int(todo['priority']) - 1]}</td>
                <td>
                    <button class='btn btn-outline-primary update-button'
                        id='update-{todo['id']}' data-toggle='modal'
                        data-target='#input-form'>変更</button>
                </td>
                <td>
                    <button class='btn btn-outline-danger delete-button'
                        id='delete-{todo['id']}'>削除</button>
                </td>
            </tr>
        """
```

render_todo_list()が呼び出されると、IDがtodo-listのtbodyにToDoのリストが描画されます（①）。煩雑なDOM操作を避けるため、今回はtbodyの中身を丸ごと書き換えることにしました。また、ToDoの明細行はDOMで組み立てるには少し複雑なため、文字列をもとに生成しています（②）。各明細行には完了のためのチェックボックス、タイトル、メモ、重要度、変更ボタン、削除ボタンが表示されます。

最後にPresenterクラスです。

リスト5.7: hobopy-frontend/presenter.py

```
__pragma__('alias', 'S', '$')

from model import Model
from view import View

class Presenter:
    # コンストラクタ
    def __init__(self):
        self._model = Model()
        self._view = View()
        self._bind()

    # ① イベントをバインドする
    def _bind(self):
        S('body').on('todos-updated', self._on_todos_updated)

    # ② 初期表示処理
    def start(self):
        self._model.load_all_todos()

    # ③ todos-updated受信時の処理
    def _on_todos_updated(self, event):
        self._view.render_todo_list(self._model.get_all_todos())
```

`_bind()`はコンストラクタから呼び出され、`todos-updated`イベント発生時に`_on_todos_updated()`が呼び出されるように定義しています（①）。`start()`では`Model.load_all_todos()`を呼び出し、全件取得APIの実行を指示しています（②）。`_on_todos_updated()`では`View.render_todo_list()`を呼び出して、画面の再描画を指示しています（③）。

全体を通した処理の流れを少し整理してみましょう。まず、`hobopy-frontend.py`の`S(presenter.start())`から処理が始まります。その後は`Model`、`View`、`Presenter`が連携して処理が進んでいきます。

1. `Presenter.start()`が呼ばれる
2. `Presenter.start()`内で`Model.load_all_todos()`が呼ばれる
3. `Model.load_all_todos()`内でAPIにアクセスする
4. APIアクセスが成功すると`Model._success_load_all_todos()`が呼ばれる
5. `Model._success_load_all_todos()`内で`todos-updated`イベントが発火する
6. `todos-updated`にバインドされた`Presenter._on_todos_updated()`が呼ばれる
7. `Presenter._on_todos_updated()`内で`View.render_todo_list()`が呼ばれる

8. View.render_todo_list()内でToDoリストを描画する

一見複雑ではありますが、順を追ってみればそれほど難しい処理ではありませんね。

それでは、このPythonのコードをJavaScriptに変換しましょう。次のコマンドでTranscryptを実行します。

```
(hobopy-frontend) $ cd ~/hobopy/hobopy-frontend
(hobopy-frontend) $ transcrypt -b hobopy-frontend

Transcrypt (TM) Python to JavaScript Small Sane Subset Transpiler ...
Copyright (C) Geatec Engineering. License: Apache 2.0

...

Ready
```

エラーが発生した場合は、コードの入力内容をもう一度確認してください。正常に終了すると次の7つのファイルが生成されます。

- __target__/const.js
- __target__/hobopy-frontend.js
- __target__/hobopy-frontend.project
- __target__/model.js
- __target__/org.transcrypt.__runtime__.js
- __target__/presenter.js
- __target__/view.js

org.transcrypt.__runtime__.js、hobopy-frontend.projectと、Pythonを変換した5つのJavaScriptファイルが生成されました。

org.transcrypt.__runtime__.jsは、スクリプトの実行時に必要となる関数などを定義したファイルです。hobopy-frontend.projectは本書の範囲内では不要なファイルですので、詳細は割愛させていただきます。

それでは、実際に画面を表示してみましょう。ローカル環境でWebサーバーを立ち上げる必要がありますので、Web Server for Chromeを起動してください。

図 5.3: Web Server for Chrome

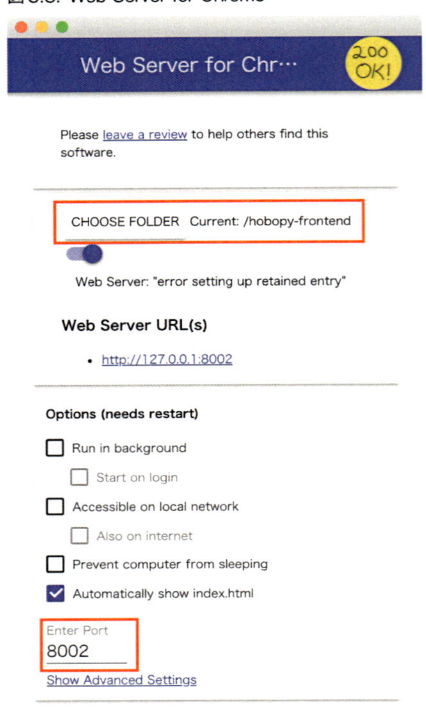

多くの設定項目がありますが、今回必要になるのはふたつだけです。

- 「CHOOSE FOLDER」ボタンをクリックして`hobopy-frontend`ディレクトリーを選択する
- 「Enter Port」の欄に8002と入力する[11]

これで表示の準備が整いました。Webブラウザー[12]で`http://127.0.0.1:8002/index.html`にアクセスしてください。

11.Chalice が 8000 番、DynamoDB Local が 8001 番を使っているため、ここでは 8002 番ポートを指定しました。8002 番では都合が悪い場合は別のポートを指定しても問題ありませんが、その場合はこの先の文章を適宜読み替えてください。

12. 画面表示に利用する Web ブラウザーは、Bootstrap がサポートしているある程度モダンなブラウザーがよいでしょう。Bootstrap の対応ブラウザーについて詳しくは https://github.com/twbs/bootstrap/blob/master/.browserslistrc をご覧ください。本書のスクリーンショットでは Chrome の執筆時点での最新版を利用しています。

図 5.4: 初期表示

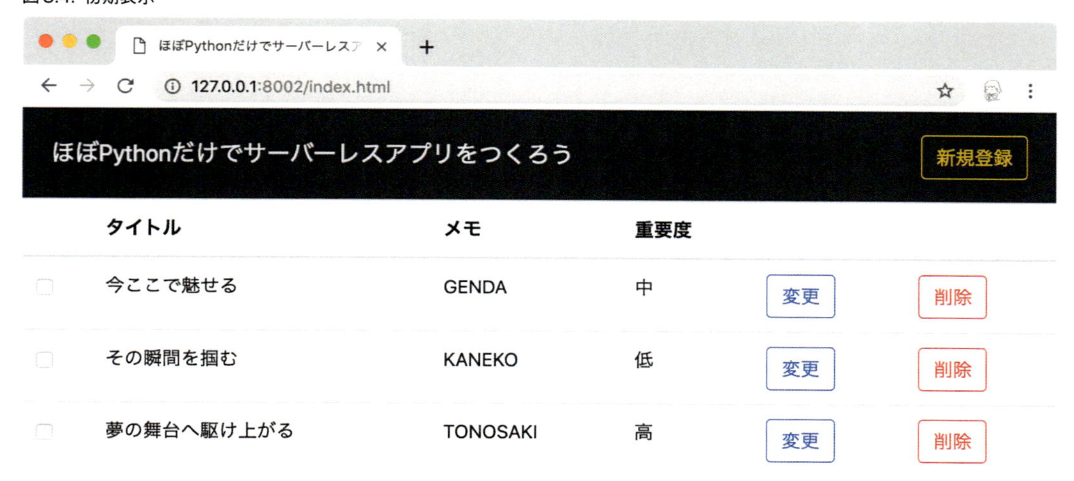

Python で書いたフロントエンドの処理が動いています。少し不思議な気分になりますね。もしこのような画面が表示されない場合は、ここまでの内容をもう一度ご確認ください。

http.server

ご存じの方もいらっしゃるでしょうが、Python はワンライナーで Web サーバーを起動できます。

```
(hobopy-frontend) $ python -m http.server 8002
```

本書でこの方法を採用しなかったのは、Transcrypt の生成する `org.transcrypt.__runtime__.js` が 40KB を超える大きなファイルだったからです。`http.server` ではこのサイズのファイルを処理するには遅すぎる上に、たびたび例外を吐いてしまうために実用には耐えませんでした[13]。

13. 特に UI の自動テスト時にはタイムアウトが頻発しました。

5.4 新規登録機能を実装する

画面は表示されましたが、まだユーザーがデータを操作することはできません。新規登録の機能を追加しましょう。まずはModelクラスを修正します。

リスト5.8: hobopy-frontend/model.py

```
# <略>

class Model:

# <略>

    # ① ToDo登録のAPIを呼び出す
    def create_todo(self, data):
        S.ajax({
            'url': f"{BASE_URL}todos",
            'type': 'POST',
            'contentType': 'application/json',
            'data': JSON.stringify(data),
        }).done(
            self._success_create_todo
        ).fail(
            lambda d: alert('サーバーとの通信に失敗しました。')
        )

    # ② create_todo()成功時の処理
    def _success_create_todo(self, data):
        self._todos.append(data)
        S('body').trigger('todos-updated')
```

create_todo()でToDo登録のAPIを呼び出しています（①）。_success_create_todo()はToDo登録APIに対するアクセス成功時の処理で、インスタンス変数の_todosを更新し、todos-updatedイベントを発火しています（②）。

ところで、APIを呼び出すときにはJSONを文字列化する必要がありますが、今回はJavaScriptのJSON.stringify()で変換しています。Pythonの標準ライブラリにもjsonモジュールがありますが、残念ながらTranscryptでのトランスパイル時にエラーが出てしまうため、ここではJavaScriptの機能を使わせてもらいました。このように、TranscryptではPythonからシームレスにJavaScriptの関数を呼び出すことができます。

続いてViewクラスです。

リスト5.9: hobopy-frontend/view.py

```
# <略>

class View:
```

```
# <略>

    # ① 新規登録のモーダルダイアログを表示する
    def show_new_modal(self):
        S('#modal-title').text('新規登録')
        S('#modal-todo-id').val('')
        S('#modal-todo-title').val('')
        S('#modal-todo-memo').val('')
        S('#modal-todo-priority').val(1)

    # ② モーダルダイアログを閉じる
    def close_modal(self):
        S('#input-form').modal('hide')

    # ③ モーダルダイアログの入力内容を取得する
    def get_input_data(self):
        return {
            'id': S('#modal-todo-id').val(),
            'title': S('#modal-todo-title').val(),
            'memo': S('#modal-todo-memo').val(),
            'priority': S('#modal-todo-priority').val(),
        }
```

モーダルダイアログの表示（①）、非表示（②）と、入力内容を取得するメソッド（③）を定義しました。

最後にPresenterです。

リスト5.10: hobopy-frontend/presenter.py

```
# <略>

class Presenter:

# <略>

    # ① イベントをバインドする
    def _bind(self):
        # <略>
        S('#input-form').on('show.bs.modal', self._on_show_modal)
        S('#register-button').on('click', self._on_click_register)
```

```
# <略>

    # ② show.bs.modal受信時の処理
    def _on_show_modal(self, event):
        self._view.show_new_modal()

    # ③ register-buttonのclick受信時の処理
    def _on_click_register(self, event):
        input_data = self._view.get_input_data()
        self._model.create_todo(input_data)
        self._view.close_modal()
```

_bind()にふたつのバインドを追加しました（①）。

_on_show_modal()はshow.bs.modalイベント受信時の処理で、Viewに新規登録モーダルダイアログの表示を指示しています（②）。show.bs.modalはBootstrapで定義されたイベントで、モーダルダイアログが表示される直前に発火します。

_on_click_register()はregister-buttonのclickイベント受信時の処理です（③）。モーダルダイアログに入力された内容を取得し、その情報をModelに通知しています。

初期表示処理と同様、今回も操作と処理の流れを追ってみましょう。

1．新規登録ボタンがクリックされてshow.bs.modalイベントが発火する
2．show.bs.modalにバインドされたPresenter._on_show_modal()が呼ばれる
3．Presenter._on_show_modal()内でView.show_new_modal()が呼ばれる
4．View.show_new_modal()内でモーダルダイアログが新規登録用に初期化される
5．新規登録モーダルダイアログが表示される
6．新規登録モーダルダイアログの登録ボタンがクリックされてclickイベントが発火する
7．clickにバインドされたPresenter._on_click_register()が呼ばれる
8．Presenter._on_click_register()内でModel.create_todo()が呼ばれる
9．Model.create_todo()内でAPIにアクセスする
10．APIアクセスが成功するとModel._success_create_todo()が呼ばれる
11．Model._success_create_todo()内でtodos-updatedイベントが発火する
12．todos-updatedにバインドされたPresenter._on_todos_updated()が呼ばれる
13．Presenter._on_todos_updated()内でView.render_todo_list()が呼ばれる
14．View.render_todo_list()内でToDoリストを描画する

呼び出される順番を理解して、プログラムの動きをイメージしてみてください。

さて、動作を確認するためにJavaScriptを再生成しましょう。

```
(hobopy-frontend) $ cd ~/hobopy/hobopy-frontend
(hobopy-frontend) $ transcrypt -b hobopy-frontend
```

ブラウザーをリロードし、新規登録ボタンをクリックしてください。新規登録用のモーダルダイアログが表示されます。

図 5.5: 新規登録モーダルダイアログ

項目を入力した上で登録ボタンをクリックし、ToDoが追加されることを確認してください。

5.5　変更機能を実装する

既存のToDoを変更する機能を実装します。今回も`Model`クラスから修正していきましょう。

リスト 5.11: hobopy-frontend/model.py

```
# <略>

class Model:

# <略>
```

```
    # ① ToDo更新のAPIを呼び出す
    def update_todo(self, todo_id, data):
        send_data = {}
        for key in ['title', 'memo', 'priority', 'completed']:
            if key in data:
                send_data[key] = data[key]
        S.ajax({
            'url': f"{BASE_URL}todos/{todo_id}",
            'type': 'PUT',
            'contentType': 'application/json',
            'data': JSON.stringify(send_data),
        }).done(
            self._success_update_todo
        ).fail(
            lambda d: alert('サーバーとの通信に失敗しました。')
        )

    # ② update_todo()成功時の処理
    def _success_update_todo(self, data):
        for i, todo in enumerate(self._todos):
            if todo['id'] == data['id']:
                self._todos[i] = data
        S('body').trigger('todos-updated')
```

おおまかな流れは新規登録とほぼ同じです。update_todo()でToDo更新のAPIを呼び出しています（①）。_success_update_todo()はToDo更新APIに対するアクセス成功時の処理で、インスタンス変数の_todosを更新し、todos-updatedイベントを発火しています（②）。

続いてViewを修正します。

リスト5.12: hobopy-frontend/view.py

```
# <略>

class View:

# <略>

    # ① 変更のモーダルダイアログを表示する
    def show_update_modal(self, todo):
        S('#modal-title').text('変更')
        S('#modal-todo-id').val(todo['id'])
```

```
        S('#modal-todo-title').val(todo['title'])
        S('#modal-todo-memo').val(todo['memo'])
        S('#modal-todo-priority').val(todo['priority'])
```

show_update_modal()では、モーダルダイアログを変更用に初期化しています（①）。

最後にPresenterです。

リスト5.13: hobopy-frontend/presenter.py

```
# <略>

class Presenter:

# <略>

    # ① show.bs.modal受信時の処理
    def _on_show_modal(self, event):
        target_id = S(event.relatedTarget).attr('id')
        if target_id == 'new-todo':
            self._view.show_new_modal()
        elif target_id.startswith('update-'):
            todo_id = target_id[7:]
            todo = self._model.get_todo(todo_id)
            self._view.show_update_modal(todo)

    # ② register-buttonのclick受信時の処理
    def _on_click_register(self, event):
        input_data = self._view.get_input_data()
        if input_data['id']:
            self._model.update_todo(input_data['id'], input_data)
        else:
            self._model.create_todo(input_data)
        self._view.close_modal()
```

ふたつのメソッドを書き換えています。

まず、_on_show_modal()に新規登録と変更の分岐を追加しました（①）。ここではクリックされたボタンが新規登録ボタンか、一覧の変更ボタンかで振り分けています。変更の場合は対象のToDoをModelから取得し、その内容でモーダルダイアログの表示を初期化します。

また、_on_click_register()にも分岐を追加しました（②）。こちらはモーダルダイアログ内のhidden項目にIDが入っていれば変更、入っていなければ新規登録という判定をしています。変更の場合は先ほど実装したModel.update_todo()を呼び出してToDoを更新します。

さて、JavaScriptを再生成しましょう。

```
(hobopy-frontend) $ cd ~/hobopy/hobopy-frontend
(hobopy-frontend) $ transcrypt -b hobopy-frontend
```

ブラウザーをリロードし、一覧の変更ボタンをクリックしてください。変更用のモーダルダイアログが表示されます。

図5.6: 変更モーダルダイアログ

内容を書き換えてから登録ボタンをクリックすると、ToDoが更新されることを確認してください。

5.6 完了／完了取り消し機能を実装する

チェックボックスをクリックしたときの処理を実装します。まずは`Model`からです。

リスト5.14: hobopy-frontend/model.py

```
# <略>

class Model:
```

```
# <略>

    # ① 完了状態を反転する
    def toggle_todo(self, todo_id):
        todo = self.get_todo(todo_id)
        self.update_todo(todo_id, {'completed': not todo['completed']})
```

update_todo()を再利用してcompletedの値を反転させています（①）。
続いてPresenterです。

リスト5.15: hobopy-frontend/presenter.py

```
# <略>

class Presenter:

# <略>

    # ① イベントをバインドする
    def _bind(self):
        # <略>
        S('#todo-list').on('click', '.toggle-checkbox', self._on_click_checkbox)

# <略>

    # ② toggle-checkboxのclick受信時の処理
    def _on_click_checkbox(self, event):
        target_id = S(event.target).attr('id')
        if target_id.startswith('check-'):
            todo_id = target_id[6:]
            self._model.toggle_todo(todo_id)
```

_bind()にバインドを追加しました（①）。
_on_click_checkbox()はtoggle-checkboxのclickイベント受信時の処理で、先ほど実装したModel.toggle_todo()を呼び出しています（②）。

5.7 削除機能を実装する

最後に削除機能を実装します。まずはModelからです。

リスト5.16: hobopy-frontend/model.py

```
# <略>

class Model:

# <略>

    # ① ToDo削除のAPIを呼び出す
    def delete_todo(self, todo_id):
        S.ajax({
            'url': f"{BASE_URL}todos/{todo_id}",
            'type': 'DELETE',
        }).done(
            self._success_delete_todo
        ).fail(
            lambda d: alert('サーバーとの通信に失敗しました。')
        )

    # ② delete_todo()成功時の処理
    def _success_delete_todo(self, data):
        for i, todo in enumerate(self._todos):
            if todo['id'] == data['id']:
                self._todos.pop(i)
                break
        S('body').trigger('todos-updated')
```

これまでの新規登録や変更と同じ流れです。`delete_todo()`でToDo削除のAPIを呼び出しています（①）。`_success_delete_todo()`はToDo削除APIに対するアクセス成功時の処理で、インスタンス変数の`_todos`を更新し、`todos-updated`イベントを発火しています（②）。

ひとつ注意しておきたいのは、Transcryptの仕様上、リストからの要素の削除は`del`ではなく`pop()`を使わなければいけないことです。`del self._todos[i]`と書いてしまうと、期待した動作をしてくれません[14]。

最後に、`Presenter`も修正しましょう。

リスト5.17: hobopy-frontend/presenter.py

```
# <略>

class Presenter:
```

14.TranscryptではPythonのdel xがJavaScriptのx = undefined;に変換されることが原因です。xが数値や文字列であれば問題ありませんが、リストや辞書の一要素を指している場合はPythonと異なる挙動になってしまいます。

```
# <略>

    # ① イベントをバインドする
    def _bind(self):
        # <略>
        S('#todo-list').on('click', '.delete-button', self._on_click_delete)

# <略>

    # ② delete-buttonのclick受信時の処理
    def _on_click_delete(self, event):
        target_id = S(event.target).attr('id')
        if target_id.startswith('delete-'):
            todo_id = target_id[7:]
            self._model.delete_todo(todo_id)
```

_bind()にバインドを追加しました（①）。

_on_click_delete()はdelete-buttonのclickイベント受信時の処理で、先ほど実装したModel.delete_todo()を呼び出しています（②）。これまでとほぼ同様の流れですから、特に難しいことはないでしょう。

さて、これでフロントエンドの実装が完了しました。JavaScriptを再生成しましょう。

```
(hobopy-frontend) $ cd ~/hobopy/hobopy-frontend
(hobopy-frontend) $ transcrypt -b hobopy-frontend
```

ブラウザーをリロードし、これまでに実装した処理が正しく動作することを確認してください。

5.8 AWSにデプロイする

さっそくフロントエンドをAWSにデプロイ……と言いたいところですが、CORS対応を追加したバックエンドから先にデプロイしてしまいましょう。おなじみのchalice deployコマンドを実行してください。

```
(hobopy-backend) $ cd ~/hobopy/hobopy-backend
(hobopy-backend) $ chalice deploy --stage prod
Creating deployment package.
Updating policy for IAM role: hobopy-backend-prod-api_handler
Updating lambda function: hobopy-backend-prod
Updating rest API
Resources deployed:
```

```
  - Lambda ARN: arn:aws:lambda:ap-northeast-1:...
  - Rest API URL: https://<your-rest-api-url>/
```

続いてフロントエンドです。前述のとおり、S3を利用してHTMLやJavaScriptをホスティングしましょう。対象は次の7つのファイルです。

- index.html
- __target__/const.js
- __target__/hobopy-frontend.js
- __target__/model.js
- __target__/org.transcrypt.__runtime__.js
- __target__/presenter.js
- __target__/view.js

まず、アップロード先のバケットを作成します。本書の例ではバケット名をhobopy-frontendとしていますが、バケット名はリージョン内でユニークである必要があるため、お好きな名前に読み替えて作業を進めてください。

```
$ aws s3 mb s3://hobopy-frontend
make_bucket: hobopy-frontend
```

続いて、バケット内のファイルをホスティングするため、Static Website Hostingを有効にしましょう。次のコマンドを実行してください。

```
$ aws s3 website s3://hobopy-frontend --index-document index.html
```

最後に、外部からアクセスできるようにバケットのポリシーを変更します。次の内容でbucket-policy.jsonを作成してください。

リスト5.18: bucket-policy.json

```
{
    "Version": "2012-10-17",
    "Statement": [
        {
            "Sid": "PublicReadForGetBucketObjects",
            "Effect": "Allow",
            "Principal": "*",
            "Action": "s3:GetObject",
            "Resource": "arn:aws:s3:::hobopy-frontend/*"
```

```
        }
    ]
}
```

作成したJSONをもとにポリシーを設定します。bucket-policy.jsonのあるディレクトリーで次のコマンドを実行してください。

```
$ aws s3api put-bucket-policy --bucket hobopy-frontend \
> --policy file://bucket-policy.json
```

これでアップロード先のバケットの準備が整いました。

実際にファイルをアップロードする前に、const.py内のベースURLをAPI GatewayのURLに変更しておきましょう。

リスト5.19: hobopy-frontend/const.py

```
BASE_URL = 'https://<your-rest-api-url>/'
```

この状態でJavaScriptを再生成します。

```
(hobopy-frontend) $ cd ~/hobopy/hobopy-frontend
(hobopy-frontend) $ transcrypt -b hobopy-frontend
```

デプロイ用のディレクトリーを作成し、その中にファイルをコピーします。次のような構成でコピーをしてください。ここではディレクトリー名をdeployとしています。

図5.7: deployディレクトリー

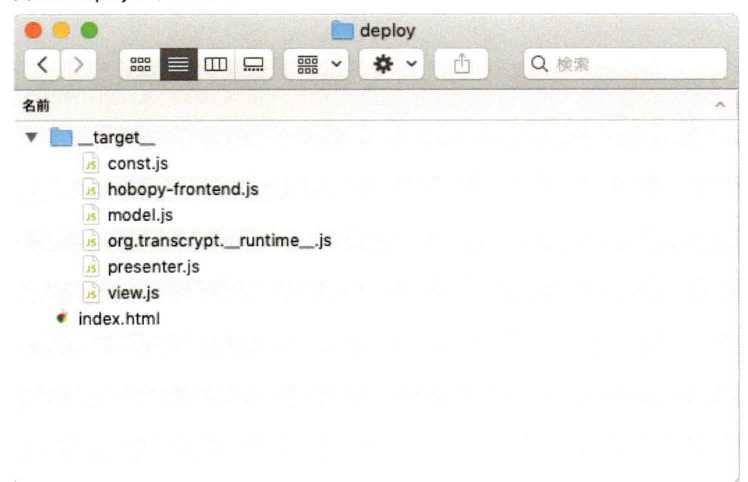

aws s3 syncコマンドでS3にファイルをアップロードします。

```
$ aws s3 sync deploy s3://hobopy-frontend
upload: deploy/__target__/model.js to ...
upload: deploy/__target__/presenter.js to ...
upload: deploy/__target__/const.js to ...
upload: deploy/__target__/view.js to ...
upload: deploy/index.html to ...
upload: deploy/__target__/hobopy-frontend.js to ...
upload: deploy/__target__/org.transcrypt.__runtime__.js to ...
```

Webブラウザーで`http://<バケット名>.s3-website-ap-northeast-1.amazonaws.com/`にアクセスして、デプロイが正しく行われたことを確認してください。

これでToDoアプリが完成しました。次章ではもう少し発展的な課題に取り組みましょう。

第6章　AWS CodePipelineでCI/CD環境の構築をしよう

6.1　CI/CDとは

CIや**CD**という言葉を聞いたことがありますか？

CI（Continous Integration）は、日本語では**継続的インテグレーション**と呼びます[1]。開発者がソースコードの変更をバージョン管理システムに反映したタイミングで、ビルド、テストを自動的に実行する手法です。

CIでのビルドやテストが失敗した場合、その原因は直前の変更にある可能性が非常に高いため、特定が容易になり、影響範囲が小さいうちに修正ができます。ビルド、テストのサイクルを小さな単位で回すことによって、品質や開発速度を向上させるのがCIの狙いです。

CD（Continuous Delivery）は、日本語では**継続的デリバリー**と呼びます[2]。CDはCIをさらに一歩進めた手法で、テストやビルドだけでなく、ステージング環境へのデプロイや、本番環境へのリリースの準備を自動的に行います。

CDを導入することによって、常に最新のコードに対応したステージング環境が手に入るとともに、その後の本番リリースもスムーズに進められるようになります。

CI/CDを実現するためには、**Jenkins**[3]などのCIツールを利用します。**CircleCI**[4]、**Travis CI**[5]などのクラウドサービスを使ってもよいでしょう。

AWSでも**AWS CodePipeline**[6]というサービスが提供されています。本章ではこのCodePipelineを利用して、これまで実装してきたアプリのCI/CD環境を構築しましょう。

6.2　バックエンドのCI/CD環境を構築する

バックエンドのWeb APIをCI/CD環境に対応させるのは簡単です。なぜなら、Chaliceにその機能が備わっているからです。

`chalice generate-pipeline`コマンドを実行すると、**AWS CloudFormation**[7]用の設定ファイルが生成されます。このファイルを利用することで、CodePipeline、**AWS CodeCommit**[8]、**AWS CodeBuild**[9]を連携させたCI/CD環境が構築できます。

1.インテグレーションが日本語になっていませんが、IT技術用語とは得てしてそういうものです。

2.デリバリーが日本語になっていませんが、IT技術用語とは得てしてそういうものです。

3.https://jenkins.io/

4.https://circleci.com/

5.https://travis-ci.org/

6.https://aws.amazon.com/jp/codepipeline/

7.https://aws.amazon.com/jp/cloudformation/

8.https://aws.amazon.com/jp/codecommit/

9.https://aws.amazon.com/jp/codebuild/

……CodePipelineの話をしていたはずなのに、ほかにも新しいサービスの名前が出てきてしまいました。簡単にご説明しましょう。

CodeCommitはGitリポジトリーの、CodeBuildはビルドサーバーのホスティングサービスです。CodePipelineはCodeCommitからコードを取得し、CodeBuildにビルドを実行させてその結果を受け取ります。

CloudFormationはAWSの各種リソースのプロビジョニングサービスです。それぞれのリソース[10]を手動でセットアップする代わりに、設定ファイルを元に自動で環境を構築してくれます。そして、その設定ファイルを生成するのが`chalice generate-pipeline`コマンドなのです。実行してみましょう。

```
(hobopy-backend) $ chalice generate-pipeline pipeline.json -b buildspec.yml
```

`pipeline.json`と`buildspec.yml`のふたつのファイルが生成されました。

`pipeline.json`はCloudFormationによるプロビジョニングのための設定ファイルです。`buildspec.yml`はCodeBuildのビルド仕様を定義したファイルです。この`buildspec.yml`は`dev`ステージに対応したビルド手順になっていて、私たちがAWSにデプロイしたいのは`prod`ステージですから[11]、ファイルの一部を書き換える必要があります。

リスト6.1: hobopy-backend/buildspec.yml

```
version: 0.1
phases:
  install:
    commands:
      - sudo pip install --upgrade awscli
      - aws --version
      - sudo pip install 'chalice>=1.9.0,<1.10.0'
      - sudo pip install -r requirements.txt
      - chalice package /tmp/packaged --stage prod  # ①
      - aws cloudformation package --template-file /tmp/packaged/sam.json --s3-b
ucket ${APP_S3_BUCKET} --output-template-file transformed.yaml
artifacts:
  type: zip
  files:
    - transformed.yaml
```

`chalice package`コマンドに`--stage prod`オプションを追加しました（①）。それ以外の行を変

10. 今回の例ではCodePipeline、CodeCommit、CodeBuildのことを指します。

11. 本章の例では、説明を簡略化するため、ステージング環境に対してprodステージの設定を使ってデプロイします。実運用でCI/CDを回す場合は、config.jsonにステージング環境用のステージを追加し、データベースのアクセス先をステージング用のテーブルにするなどの設定が必要になるでしょう。

更する必要はありません。

それでは、CloudFormationの力を借りてCI/CD環境を構築しましょう。aws cloudformation deployコマンドを実行してください。

```
$ aws cloudformation deploy --stack-name hobopy-backend-stack \
> --template-file pipeline.json --capabilities CAPABILITY_IAM

Waiting for changeset to be created..
Waiting for stack create/update to complete
Successfully created/updated stack - hobopy-backend-stack
```

pipeline.jsonの内容をもとに、CodePipeline、CodeCommit、CodeBuildを組み合わせた環境が作られました。

ちなみに、CloudFormationで設定されるAWSリソースの集合のことを**スタック**と呼び、CloudFormationはこのスタックの単位でリソースを管理します。今回のコマンドではhobopy-backend-stackというスタックが作られ、ここにはpipeline.jsonで定義されているCodePipeline、CodeCommitなどのAWSリソースが含まれています。

6.3 バックエンドのソースコードをGitで管理する

先ほど構築したCI/CD環境は、CodeCommitのリポジトリーの更新がトリガーになって動き始めます。では、そのリポジトリーのURLはどこを指しているのでしょうか？　先ほど定義したhobopy-backend-stackの内容を確認してみましょう。aws cloudformation describe-stacksコマンドを実行してください。

```
$ aws cloudformation describe-stacks --stack-name hobopy-backend-stack
{
...
    {
        "OutputKey": "SourceRepoURL",
        "OutputValue": "https://<backend-repo-url>"
    },
...
}
```

スタックの情報が大量に出力されますが、注目するのはOutputKeyがSourceRepoURLの要素で、そのOutputValueがリポジトリーのURLになります。リポジトリーのURLは作成時にユニークなものが割り当てられますので、以降のURLはご自身の実行結果で適宜読み替えてください。

これでCodeCommitのURLはわかりましたが、そもそも私たちのプログラムはGitで管理されていませんでした。まずはローカルにリポジトリーを作るところから始めましょう。本書ではGitの各コマンドについて詳細には解説しませんので、あまり詳しくないという方は入門サイトなどを参照しながら読み進めてください。

```
$ cd ~/hobopy/hobopy-backend
$ git init .
```

先ほど準備したCodeCommitのリポジトリーへプッシュするためにはAWSの認証情報[12]が必要です。ヘルパーが用意されていますので、次のコマンドでGitの設定を変更してください。

```
$ git config credential.helper '!aws codecommit credential-helper $@'
$ git config credential.UseHttpPath true
```

コミットする前に.gitignoreを編集しましょう。Pythonが自動的に生成する__pycache__を除外ディレクトリーに追加します。

リスト6.2: hobopy-backend/.gitignore

```
.chalice/deployments/
.chalice/venv/
__pycache__/
```

準備が整いました。hobopy-backendプロジェクトのソースコードをコミットし、CodeCommitへプッシュしましょう。

```
$ git add -A .
$ git commit -m "Initial commit"
$ git remote add codecommit https://<backend-repo-url>
$ git push codecommit master
```

最後のgit pushをトリガーにCI/CDが動き始め、CodeCommitにプッシュしたソースコードをもとにデプロイが実行されます。

6.4 バックエンドの動作を確認する

デプロイされたWeb APIの動作を確認してみましょう。手作業でデプロイしたときのエンドポイントURLとは異なりますので、まずはそのURLからチェックします。

バックエンドをデプロイするCodePipelineの処理は、大まかに次のような流れになっています。

1. CodeCommitからソースコードを取得する
2. CodeBuildでデプロイ用パッケージを作成する

12. 第2章でaws configureコマンドを使って設定した情報のことです。

3. CloudFormationでAPI Gateway、Lambdaに対してデプロイする

ステップ3でまたCloudFormationが登場しましたが、これはCI/CD環境構築のときに使ったhobopy-backend-stackとは別のスタックに対する処理になります。では、そのスタックはどんな名前なのでしょうか？

Chaliceのコードを確認したところ、ApplicationNameの末尾に文字列BetaStackを付加したものが目的のスタック名になるようです[13]。ApplicationNameはhobopy-backend-stackで定義されていますので、aws cloudformation describe-stacksコマンドで確認しましょう。

```
$ aws cloudformation describe-stacks --stack-name hobopy-backend-stack
{
...
    {
        "ParameterValue": "hobopy-backend",
        "ParameterKey": "ApplicationName"
    },
...
}
```

ApplicationNameはhobopy-backendですから、目的のスタック名はhobopy-backendBetaStackになりますね。そして、このhobopy-backendBetaStackにAPIのエンドポイントURLが定義されています。確認してみましょう。

```
$ aws cloudformation describe-stacks --stack-name hobopy-backendBetaStack
{
...
    {
        "OutputKey": "EndpointURL",
        "OutputValue": "https://<your-staging-api-url>/"
    }
...
}
```

OutputKeyがEndpointURLである要素のOutputValueの値がエンドポイントURLになります。全件取得のAPIを呼び出してみましょう。

```
$ http https://<your-staging-api-url>/todos
HTTP/1.1 200 OK
...
```

13.Chalice 1.9.1の場合です。おそらく今後も変わることはないでしょうが、1.9.1より新しいバージョンのChaliceを利用していて目的のスタックが見つからない場合は、https://github.com/aws/chalice/blob/master/chalice/pipeline.pyの_create_beta_stage()の処理をご確認ください。

```
[
    {
        "completed": false,
        "id": "L5",
        "memo": "TONOSAKI",
        "priority": 3.0,
        "title": "夢の舞台へ駆け上がる"
    },
    {
        "completed": false,
        "id": "L6",
        "memo": "GENDA",
        "priority": 2.0,
        "title": "今ここで魅せる"
    },
    {
        "completed": false,
        "id": "L8",
        "memo": "KANEKO",
        "priority": 1.0,
        "title": "その瞬間を掴む"
    }
]
```

正しくデプロイされているようです。

今後は、プログラムを修正し、CodeCommitへプッシュするたびに自動でデプロイが行われます。このとき、一度確定したエンドポイントURLが変わることはありませんので、毎回URLを調べ直す必要はありません。

6.5 フロントエンドのCI/CD環境を構築する

6.5.1 CI/CDの方針を決める

続いて、フロントエンドもCI/CDに対応しましょう。バックエンドとは異なり、こちらはCodePipelineの処理を一から設定していくことになります。

ところで、フロントエンドのデプロイを自動化するにはどのようなステップが必要でしょうか。バックエンドの流れを参考に書き出してみました。

1. CodeCommitからソースコードを取得する
2. CodeBuildでトランスパイルを実行する
3. CloudFormationでデプロイする

……ちょっと待ってください。フロントエンドのデプロイはS3とのsyncに過ぎず、わざわざCloudFormationを使うほどのものではありません。コマンドひとつで実行できるのですから、

CodeBuildでトランスパイルと一緒にデプロイまで実施してしまいましょう[14]。

1. CodeCommitからソースコードを取得する
2. CodeBuildでトランスパイル、デプロイを実行する

以降はこの方針で進めていきます。

6.5.2 ステージング用のバケットを作成する

ステージング環境用のS3バケットを作成しましょう。バケット名が異なるだけで、前章で作成した本番環境用のバケットと同様の設定になります。この例ではバケット名を`hobopy-frontend-staging`としていますが、バケット名はリージョン内でユニークにする必要があるため、お好きな名前に読み替えて作業を進めてください。

まず、次の内容のJSONを`bucket-policy-staging.json`というファイル名で作成します。

リスト6.3: bucket-policy-staging.json

```
{
    "Version": "2012-10-17",
    "Statement": [
        {
            "Sid": "PublicReadForGetBucketObjects",
            "Effect": "Allow",
            "Principal": "*",
            "Action": "s3:GetObject",
            "Resource": "arn:aws:s3:::hobopy-frontend-staging/*"
        }
    ]
}
```

次のコマンドを実行してバケットの作成、設定を行います。

```
$ aws s3 mb s3://hobopy-frontend-staging
$ aws s3 website s3://hobopy-frontend-staging --index-document index.html
$ aws s3api put-bucket-policy --bucket hobopy-frontend-staging \
> --policy file://bucket-policy-staging.json
```

これでデプロイ先のバケットの準備ができました。

14.CodePipelineでは、サービス間のファイルのやりとりには基本的にS3を利用します。つまり、実際には2と3の間に「CodeBuildでトランスパイルしたコードをS3に保存する」「CloudFormationのためにS3からコードを取得する」という処理が行われているのです。これでは「S3にデプロイするファイルをやり取りするためにS3を経由する」という回りくどいことになってしまいますので、そういった意味でもトランスパイルとデプロイをCodeBuildだけで処理するほうが合理的といえます。

6.5.3 プログラムを修正する

CI/CDに対応するためにコードを修正しましょう。まず、依存ライブラリをrequirements.txtに列挙します。pip freezeの出力をそのまま書き出してください。

```
(hobopy-frontend) $ cd ~/hobopy/hobopy-frontend
(hobopy-frontend) $ pip freeze >> requirements.txt
```

続いて、ステージング環境用のconst.pyを作りましょう。const-staging.pyを作成し、定数BASE_URLにAPI GatewayのステージングURLを設定してください。

リスト6.4: hobopy-frontend/const-staging.py

```
BASE_URL = 'https://<your-staging-api-url>/'
```

ビルド手順を定義したbuildspec.ymlを作成しましょう。バックエンドのときと違って雛形がありませんので、今回は一から作ります。

リスト6.5: hobopy-frontend/buildspec.yml

```
version: 0.2
phases:
  install:
    runtime-versions:
      python: 3.7                                        # ①
      java: openjdk11                                    # ②
    commands:
      - pip install --upgrade awscli                     # ③
      - pip install -r requirements.txt                  # ④
      - mv const-staging.py const.py                     # ⑤
      - transcrypt -b hobopy-frontend                    # ⑥
      - mkdir -p deploy/__target__                       # ⑦
      - cp -p index.html deploy/                         # ⑧
      - cp -p __target__/*.js deploy/__target__/         # ⑨
      - aws s3 sync deploy s3://hobopy-frontend-staging  # ⑩
```

Transcryptを実行するにはPythonとJavaが必要になりますので、それぞれのランタイムを準備しています（①②）。

まず、pip installでAWSコマンドラインインターフェイスと依存ライブラリをインストールします（③④）。続いて、const.pyをステージング環境用に差し替え（⑤）、Transcryptによるトランスパイルを実行します（⑥）。最後に、生成物をdeployディレクトリーに集約し（⑦⑧⑨）、S3へアップロードします（⑩）。

これでコードの追加、修正が終わりました。.gitignoreに除外ディレクトリーを列挙しておきましょう。

リスト6.6: hobopy-frontend/.gitignore

```
__target__/
deploy/
```

6.5.4 CodeCommitにリポジトリーを作成する

aws codecommit create-repositoryコマンドを実行して、CodeCommitにリポジトリーを作成しましょう。

--repository-nameオプションの値はリージョン内でユニークでなければならないので、お好きな名前に読み替えて作業してください。

```
$ aws codecommit create-repository --repository-name hobopy-frontend \
> --repository-description "ほぼPyフロントエンド"
{
...
    "cloneUrlHttp": "https://<frontend-repo-url>",
...
}
```

表示されたcloneUrlHttpがリポジトリーのURLです。「6.6 フロントエンドのソースコードをGitで管理する」で必要になりますので控えておいてください。

6.5.5 IAMロールを作成する

CodePipeline、CodeBuildの処理を実行するには、適切なポリシーがアタッチされたIAMロールが必要になります。それらのポリシーやロールを作成していきましょう。

まずはCodePipeline用のロールからです。deploy-assume-role-policy.jsonというファイル名で次のようなJSONを作成してください。

リスト6.7: deploy-assume-role-policy.json

```
{
    "Version": "2008-10-17",
    "Statement": [
        {
            "Sid": "",
            "Effect": "Allow",
            "Principal": {
                "Service": "codepipeline.amazonaws.com"
            },
```

```
            "Action": "sts:AssumeRole"
        }
    ]
}
```

aws iam create-roleコマンドを実行してロールを作成しましょう。ロールの名前はhobopy-frontend-deployとします。

```
$ aws iam create-role --role-name hobopy-frontend-deploy \
> --assume-role-policy-document file://deploy-assume-role-policy.json
{
...
    "Arn": "arn:aws:iam::012345678901:role/hobopy-frontend-deploy"
...
}
```

Arnはこのロールを一意に識別する値になります[15]。「6.5.6 CodePipelineにパイプラインを登録する」で必要になりますので、画面に表示された値を控えておいてください。

続いて、このロールにアタッチするポリシーを作成します。CodePipelineの実行のために必要なのは次のような権限です。

- CodeCommitからコードを取得する権限
- CodeBuildを実行する権限
- サービス間の受け渡しのためにS3の読み書きをする権限

これらの権限を持ったポリシーを定義するため、deploy-policy.jsonというファイル名で次のようなJSONを作成してください。

リスト6.8: deploy-policy.json

```
{
    "Version": "2012-10-17",
    "Statement": [
        {
            "Action": [
                "codecommit:CancelUploadArchive",
                "codecommit:GetBranch",
                "codecommit:GetCommit",
                "codecommit:GetUploadArchiveStatus",
                "codecommit:UploadArchive"
```

15.ARNについて詳しくはAWS公式ドキュメントのhttps://docs.aws.amazon.com/ja_jp/general/latest/gr/aws-arns-and-namespaces.htmlをご覧ください。

```
            ],
            "Resource": "*",
            "Effect": "Allow"
        },
        {
            "Action": [
                "codebuild:BatchGetBuilds",
                "codebuild:StartBuild"
            ],
            "Resource": "*",
            "Effect": "Allow"
        },
        {
            "Action": [
                "s3:GetObject",
                "s3:GetObjectVersion",
                "s3:GetBucketVersioning",
                "s3:CreateBucket",
                "s3:PutObject",
                "s3:PutBucketVersioning"
            ],
            "Resource": "*",
            "Effect": "Allow"
        }
    ]
}
```

aws iam create-policyコマンドを実行してポリシーを作成します。ポリシー名はhobopy-frontend-deploy-policyとしましょう。

```
$ aws iam create-policy --policy-name hobopy-frontend-deploy-policy \
> --policy-document file://deploy-policy.json
{
...
    "Arn": "arn:aws:iam::012345678901:policy/hobopy-frontend-deploy-policy",
...
}
```

aws iam attach-role-policyコマンドを実行して、CodePipeline用のロールにポリシーをアタッチします。--policy-arnオプションは、hobopy-frontend-deploy-policyを作ったときに表示された値で読み替えてください。

```
$ aws iam attach-role-policy --role-name hobopy-frontend-deploy \
> --policy-arn arn:aws:iam::012345678901:policy/hobopy-frontend-deploy-policy
```

これでCodePipeline用のロールが登録できました。続いて、CodeBuild用のロールを作りましょう。`build-assume-role-policy.json`というファイル名で次のようなJSONを作成してください。

リスト6.9: build-assume-role-policy.json

```
{
    "Version": "2008-10-17",
    "Statement": [
        {
            "Sid": "",
            "Effect": "Allow",
            "Principal": {
                "Service": "codebuild.amazonaws.com"
            },
            "Action": "sts:AssumeRole"
        }
    ]
}
```

`aws iam create-role`コマンドを実行します。ロールの名前は`hobopy-frontend-build`としましょう。今回も画面に表示された`Arn`の値を控えておいてください。

```
$ aws iam create-role --role-name hobopy-frontend-build \
> --assume-role-policy-document file://build-assume-role-policy.json
{
...
    "Arn": "arn:aws:iam::012345678901:role/hobopy-frontend-build"
...
}
```

続いてポリシーを作成します。CodeBuild用のロールが必要とするのは次の権限です。

- S3からファイルを取得する権限
- デプロイのためにS3の`sync`をする権限
- CloudWatchにログを出力する権限

これらの権限を定義するJSONを`build-policy.json`というファイル名で作成します。

リスト6.10: build-policy.json

```
{
    "Version": "2012-10-17",
    "Statement": [
        {
            "Action": [
                "s3:GetObject",
                "s3:GetObjectVersion",
                "s3:PutObject",
                "s3:ListAllMyBuckets",
                "s3:ListBucket"
            ],
            "Resource": "arn:aws:s3:::*",
            "Effect": "Allow"
        },
        {
            "Action": [
                "logs:CreateLogGroup",
                "logs:CreateLogStream",
                "logs:PutLogEvents"
            ],
            "Resource": "*",
            "Effect": "Allow"
        }
    ]
}
```

aws iam create-policyコマンドを実行してポリシーを作成します。ポリシー名はhobopy-frontend-build-policyとしましょう。

```
$ aws iam create-policy --policy-name hobopy-frontend-build-policy \
> --policy-document file://build-policy.json
{
...
    "Arn": "arn:aws:iam::012345678901:policy/hobopy-frontend-build-policy",
...
}
```

最後に、CodeBuild用のロールにポリシーをアタッチします。--policy-arnオプションは、hobopy-frontend-build-policyを作成したときに表示された値で読み替えてください。

```
$ aws iam attach-role-policy --role-name hobopy-frontend-build \
> --policy-arn arn:aws:iam::012345678901:policy/hobopy-frontend-build-policy
```

これでCodeBuild用のIAMロールも作成できました。

6.5.6 CodePipelineにパイプラインを登録する

CodePipelineはサービス間でファイルをやり取りするためにS3を利用します。そのためのバケットを作成しましょう。例によってバケット名はリージョン内でユニークにする必要があるため、お好きな名前に読み替えて作業を進めてください。

```
$ aws s3 mb s3://hobopy-frontend-artifact
make_bucket: hobopy-frontend-artifact
```

続いて、CodePipelineのパイプラインを作成します。「6.5.1 CI/CDの方針を決める」で検討したとおり、「CodeCommitからソースコードを取得する処理」と「CodeBuildでトランスパイル、デプロイを実行する処理」を定義しましょう。`pipeline.json`というファイル名で次のようなJSONを作成します。`roleArn`はCodePipeline用ロールのARNに、`RepositoryName`はCodeCommitのリポジトリー名に、`artifactStore`の`location`はファイルやりとり用のバケット名に置き換えてください。

リスト6.11: pipeline.json

```
{
    "pipeline": {
        "roleArn": "arn:aws:iam::012345678901:role/hobopy-frontend-deploy",
        "stages": [
            {
                "name": "Source",
                "actions": [
                    {
                        "inputArtifacts": [],
                        "name": "Source",
                        "actionTypeId": {
                            "category": "Source",
                            "owner": "AWS",
                            "version": "1",
                            "provider": "CodeCommit"
                        },
                        "outputArtifacts": [
                            {
                                "name": "SourceRepo"
                            }
```

```
                    ],
                    "configuration": {
                        "BranchName": "master",
                        "RepositoryName": "hobopy-frontend"
                    },
                    "runOrder": 1
                }
            ]
        },
        {
            "name": "Build",
            "actions": [
                {
                    "inputArtifacts": [
                        {
                            "name": "SourceRepo"
                        }
                    ],
                    "name": "CodeBuild",
                    "actionTypeId": {
                        "category": "Build",
                        "owner": "AWS",
                        "version": "1",
                        "provider": "CodeBuild"
                    },
                    "outputArtifacts": [],
                    "configuration": {
                        "ProjectName": "hobopy-frontend-build"
                    },
                    "runOrder": 1
                }
            ]
        }
    ],
    "artifactStore": {
        "type": "S3",
        "location": "hobopy-frontend-artifact"
    },
    "name": "hobopy-frontend-pipeline",
    "version": 1
}
```

```
}
```

aws codepipeline create-pipelineコマンドを実行してパイプラインを登録します。create-pipelineコマンドやJSONの仕様について詳しくはAWS公式ドキュメントの「パイプラインを作成する（CLIの場合）」[16]をご覧ください。

```
$ aws codepipeline create-pipeline --cli-input-json file://pipeline.json
{
...
}
```

最後に、CodeBuildのプロジェクトを登録しましょう。project.jsonというファイル名で次のようなJSONを作成します。serviceRoleはCodeBuild用ロールのARNに置き換えてください。

リスト6.12: project.json

```
{
    "name": "hobopy-frontend-build",
    "description": "ほぼPyフロントエンドのビルド",
    "source": {
        "type": "CODEPIPELINE"
    },
    "artifacts": {
        "type": "CODEPIPELINE"
    },
    "cache": {
        "type": "NO_CACHE"
    },
    "serviceRole": "arn:aws:iam::012345678901:role/hobopy-frontend-build",
    "environment": {
        "type": "LINUX_CONTAINER",
        "image": "aws/codebuild/standard:2.0",
        "computeType": "BUILD_GENERAL1_SMALL"
    }
}
```

aws codebuild create-projectコマンドを実行してプロジェクトを登録します。create-projectコマンドやJSONの仕様について詳しくはAWS公式ドキュメントの「ビルドプロジェクトを作成する（AWS CLI）」[17]をご覧ください。

16.https://docs.aws.amazon.com/ja_jp/codepipeline/latest/userguide/pipelines-create.html#pipelines-create-cli
17.https://docs.aws.amazon.com/ja_jp/codebuild/latest/userguide/create-project.html#create-project-cli

```
$ aws codebuild create-project --cli-input-json file://project.json
{
...
}
```

これでフロントエンドのCI/CD環境が構築できました。

6.6 フロントエンドのソースコードをGitで管理する

フロントエンドのソースコードもGitで管理します。まずはローカルのリポジトリーを初期化しましょう。

```
$ cd ~/hobopy/hobopy-frontend
$ git init .
```

バックエンドのときと同様に認証ヘルパーを設定します。

```
$ git config credential.helper '!aws codecommit credential-helper $@'
$ git config credential.UseHttpPath true
```

ソースコードをコミットし、CodeCommitへプッシュしましょう。リモートリポジトリーとして追加するURLはCodeCommitのURLに読み替えてください。

```
$ git add -A .
$ git commit -m "Initial commit"
$ git remote add codecommit https://<frontend-repo-url>
$ git push codecommit master
```

最後の`git push`をトリガーにCI/CDが動き始め、自動的にデプロイが実行されます。

6.7 フロントエンドの動作を確認する

`http://<ステージング環境のバケット名>.s3-website-ap-northeast-1.amazonaws.com/`にWebブラウザーでアクセスし、リリースが正しく行われたことを確認してください。これでバックエンド、フロントエンドとも、CodeCommitにプッシュしたタイミングでデプロイまで行われるようになりました。常に最新のコードに対応したステージング環境が手に入るのです。

実際のプロジェクトでは、デプロイされたステージング環境でテストを行い、問題がなければ本番環境にリリースするという手順を踏むことになるでしょう。CodePipelineはそういったフローにも対応していますので、発展課題として取り組んでみても面白いのではないでしょうか。

6.8 お疲れ様でした！

これでほぼPythonだけでサーバーレスアプリが実装できました！

最後はJSONとYAMLばかり書いていたような気もしますが、プログラム自体はほぼPythonだけで実装できることが伝わったでしょうか。

適材適所という言葉があるように、必ずしもすべてPythonで実装することが正しいとは限りません。一方で「Pythonで行くと決めたならば、あくまでもPythonを貫き通すべし。百発のインデントで倒せぬ仕様には、千発のインデントを投げるのだ」という高名なエンジニアの言葉もあります[18]。徹底的にPythonで実装してみることによって、どんな場面でPythonの力が発揮できるのか、逆にどんな場面ではPythonを避けたほうがよいのか、言語の持つ特性が見えてきたのではないでしょうか。

本書の内容はスタートラインに過ぎません。今回のサンプルアプリは最低限の実装しかしていませんので、新しい機能を追加してみても面白いでしょうし、一からまったく別のアプリをつくってても勉強になるでしょう。本書の内容を参考に、みなさんもご自分のアイディアを形にしてみてください。お疲れ様でした！

18.https://twitter.com/njslyr/status/22990228106

第7章　Pythonでサーバーレスアプリのテストをしよう

7.1　実装しておしまいじゃないよね

実装お疲れ様です！　本書のここまでの内容をひととおり進めてもらうことで、ToDoアプリをある程度形にできました。しかし、そこで「自分のターン終了」って思っていませんか？

あ、申し遅れました。こんにちは、QAエンジニア[1]です。

さて、この職種の筆者にバトンタッチしたことで、やることはまだまだあるということはお察しいただけましたでしょうか？　そう、あなたのターンはまだ終わっていません。しかも、まだここは折り返し地点なのです。

7.2　V字モデルをみてみよう

突然ですが、ここで基本的なソフトウェア開発の流れを表す、**V字モデル**というものを紹介します。

図7.1: V字モデル

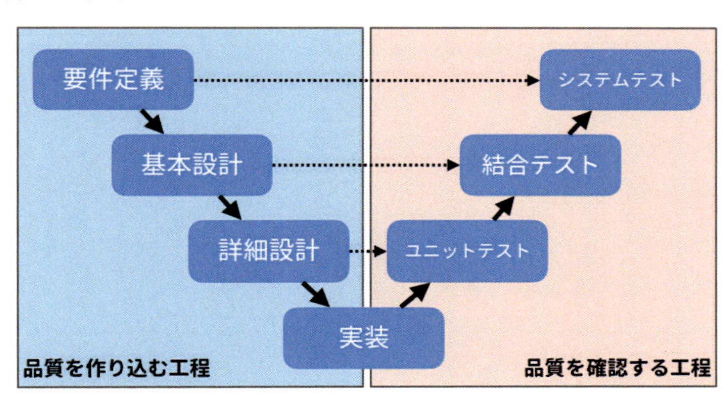

先ほど「折り返し地点」といった意味はここにあります。V字の左側には、企画や仕様の決定から細かい設計に流れてコーディングに至る工程が描かれています。それらと対応させる形で、V字の右側はそれぞれの設計での決定事項を観点として、テストをしていく工程が描かれています。本書のここまでの流れで進められてきた内容は、この図でいう左側の「品質を作り込む工程」に該当しています。

また、右側の枠には**〇〇テスト**という形式でそれぞれ名前がついています。単純にテストといってもそれぞれ確認する観点やスコープが違います。この枠組みは**テストレベル**と呼ばれたりします。

1.QAは「Quality Assurance」の略、製品の品質保証をする職種です。主につくられた製品の動作のテストや発生したバグの分析、仕様のレビューなど、品質の向上のためにいろんな手をつくしています。

一般的には「次のテストレベルに進むには現在実施中のテストレベルの終了条件[2]を満たさないといけない」……などのルールが各プロジェクトで決められ、V字の右側の工程が進行していきます。

「あ、うちアジャイルなんでそういうきっちりしたのないんすよｗｗｗｗ[3]」という方もいるでしょう。でも、スプリントを回していく中で、実装だけで終わるということはないはずです。スプリントや実装している内容の規模によりますが、軽いものでも単体テストは行うとか、ある程度機能がまとまったらシステムテストまで行うとか、考えられているはずです。V字モデル自体はきっちりとしたウォーターフォールの開発で使われることが多い印象ですが、アジャイル開発でも品質を確認する工程は外せないものです。

さて、この本は『ほぼPythonだけでサーバーレスアプリを**つくろう**』です。

「つくる」というのは、ただサービスを組み立てるだけではなく、使えるものにすることと考えます。そして、V字モデルで紹介されている「品質を確認する工程」も、Pythonを使って効率的に進めることができます。品質を高める工程ではPythonをどのように使っていけるのか……本章からはこのテーマを軸に話を進めていきます。

ただ中には「どうせテストは手でもやらないといけないんでしょ？　だったら、コード書くとかじゃなくて全部手でやればいいんじゃね？」という人もいるでしょう。確かに手でやらなければいけないこともありますが、テストコードでテストをすることにも、ちゃんと理由があります。

7.3 テストピラミッドという理想形

ここでもうひとつ、QA界隈ではよく知られた図を紹介します。

図7.2: テストピラミッド

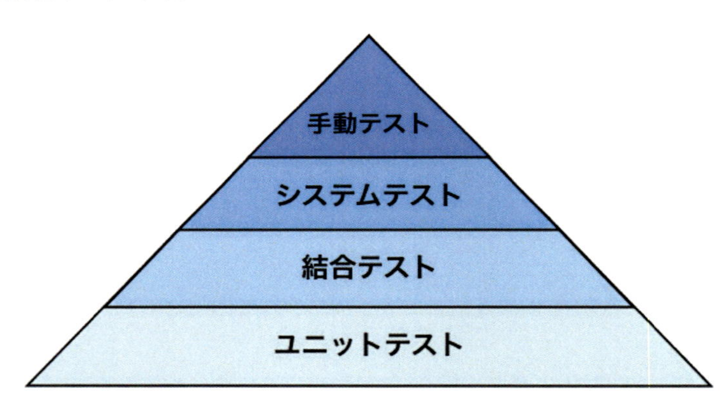

こちらは**テストピラミッド**とか**自動テストのピラミッド**などとよばれるものになります。下から「ユニットテスト」「結合テスト」「システムテスト」そして一番上には「手動テスト」と、V字モデルでも紹介したテストレベルが描かれています。

2. 例えば「テストケースの完了率が100%」とか、「発生したバグチケットが全て修正され、動作確認されている」とかが挙げられます。
3. 正直それでアジャイルといってると、いろんなところからマサカリが飛んでくる気がしますよ。

この図が示していることは、それぞれの「テスト実施の費用対効果」と、「テストにかけるべきリソース」です。

7.3.1 どこに手をかけるべきか

テスト実施の費用対効果は、下に書かれたテストの方が高いといわれます。例外を出すケースを手動テストでやるためには、場合によっては通信遮断のためのジャミングツールを用意するとか、実際に稼働しているサーバーを停止しないといけないとか……用意するだけでも大変です。でも、ユニットテストであればパラメータやモックを工夫すればテストが実施できます。

テストにかけるべきリソースというのは図の面積をみてください。ピラミッドになるので、下の方の面積が大きく、上に行くほど面積は小さくなっています。

つまり「ユニットテストにリソースをかけ、システムテストや手動のテストはあまりかけないのが理想」というのがこの図の示すところになります。

ただ、多くのプロジェクトはこの逆になっているのではないでしょうか。逆三角形のテストピラミッドは別名**「アイスクリームコーン」**というアンチパターンとして知られます。放っておくとアイスが溶けて、コーンも溶けて……無残なことになってしまいます。アイスに例えなくても、そのようなプロジェクトがどうなるか……想像にかたくないでしょう。むしろ実体験がある方も多そうですね。

7.4 だから「テスト」も「つくる」の範疇

開発工程の中でも、先に実施するユニットテストや結合テストはどちらかというと**ホワイトボックス**寄りの考え方で行うテストになります。ホワイトボックステストは、仕様や内部構造を熟知していることがアドバンテージになります。これは実装していれば自然に理解しているものですね。

そして、ユニットテストだけでなく、そのあとの工程でもテストの自動化が進められています。効率的なテスト実施のために、テストの自動化は大変有効と考えられています。

品質は誰かひとりが頑張って上げられるほど単純なものではありません。開発に関わる人全員が意識してやっと上げられるものです。そこの理解があれば、いくら開発者だからといっても、これから説明する内容が人ごとではないと理解していただけるでしょう。

それでは、Pythonでの自動テストの世界に踏み込んで参ります！

ホワイトボックスとブラックボックス

実装されたロジックやシステムの構成を知っている前提で行うテストのことをホワイトボックステストと呼びます。

たとえば、ふたつの画面があり、その中のある機能は同じロジックを使っているという場合を考えます。ホワイトボックステストでは同じロジックを使っていることが分かっているので、片方の画面のテストを入念に行えばもう片方の画面のテストは軽くしてもよさそうという判断ができます。

逆に中身を知らない前提で行うテストをブラックボックステストといい、その場合はどちらの画面も同じようにテストをすることになります。

一般的にユニットテストや結合テストはホワイトボックスの考え方で、システムテストなどはブラックボックスの考え方で行うことが多いようです。

第8章　pytestでユニットテストをしよう

この章では、テストレベルでいえば実装の直後に当たる**ユニットテスト**の自動化に触れていきます。関数やメソッドなど、テストレベルの中では一番小さい単位で実施するテストです。

8.1　Pythonにおけるx Unit

前章で説明したV字モデルのなかで、「品質を確認する工程」の一番最初に描かれていたものがユニットテストです。このユニットテストですが、以前よりテストコードを書いて自動化することが行われています。

よく使われるのが**xUnit**と呼ばれるユニットテスト用のフレームワークです。QAの用語では**テストハーネス**と呼ばれることもあります。Javaであれば「JUnit」、PHPであれば「PHPUnit」と、それぞれの言語で同様の役割や動作をするフレームワークが存在します。

そして、Pythonでそれに当たるものは何かというと……「PyUnit」ではなく**unittest**[1]という標準ライブラリになります。また、unittestを強化したライブラリもあり、現在一般的によく使われるのが**pytest**[2]になります。この章では主にpytestを使って、テストを実施します。

よかった……下手したらこの章のタイトルが「unittest（ライブラリ名）でユニットテスト（実施するテストレベル名）をしよう」になって、大変ややこしいことになるところでした。

8.2　ユニットテストの環境を用意する

では、Pythonでのユニットテストを作成していきましょう。まずはpytestのインストールからですが、他のライブラリ同様にpipコマンドでインストールができます。なお、今回のユニットテストはhobopy-backendの中のロジックに対して行いますので、インストールする仮想環境もhobopy-backendになります。

```
(hobopy-backend) $ pip install pytest
```

また、ユニットテストのコードですが、hobopy-backendの直下にtestsというディレクトリーを作成し、そこに作っていきます。なお、ここで作成したディレクトリーは第3章で触れられたように、chalice deployコマンドでのデプロイの対象にはなりません。

本章でこのあと作成するテストコードのファイルも含めると、このような構成になります。

1.https://docs.python.jp/3/library/unittest.html

2.https://docs.pytest.org/en/latest/index.html

図8.1: テストコードを含めた hobopy-backend ディレクトリー

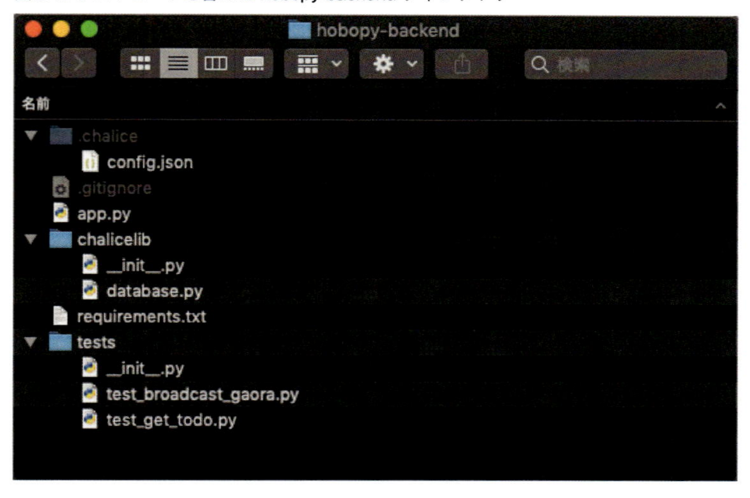

8.3 ユニットテストを書いてみる

インストールができましたので、ここからテストコードを書いていきます。

どのプログラムに対してのテストコードがよいかを考えたのですが……どうもこれまで作ってきたToDoアプリのにはこのような関数がありました。

リスト8.1: hobopy-backend/chalicelib/database.py

```
def broadcast_gaora(memo):
    if len(memo) > 30:
        memo = "ホームラン" + memo
    if "ホームラン" in memo:
        memo = memo.replace("ホームラン", "『イッツ！』")
        memo += "『ゴーンヌ!』"
    return memo
```

メモの文字数が30を超えていたら、頭に「ホームラン」という文字列を加える。さらに「ホームラン」と書かれていた場合は、その文字を「『イッツ！』」に変更し、「『ゴーンヌ!』」という文字列を語尾に加える関数です。これはどうやらスポーツ専門チャンネルGAORA SPORTS[3]のプロ野球中継で、ホームランが飛び出した時の近藤アナウンサーの実況を再現する……という関数のようですが……。

なんてとってつけたような単体テストのしやすい関数なのでしょう！　せっかくなのでこちらでテストを実施していきます[4]。

まずは、ごく単純なテストコードを作ってみました。

3.https://www.gaora.co.jp

4.えっと……ほんとはこんな仕様ないです。ちょうど良さそうなのをでっち上げたかったのですごめんなさいごめんなさい。

リスト8.2: hobopy-backend/tests/test_broadcast_gaora.py

```
from chalicelib import database

class TestBroadcastGaora:
    def test_broadcast_gaoraを実行する(self):
        expected_memo = "源田たまらん"
        actual_memo = database.broadcast_gaora(expected_memo)
        assert actual_memo == expected_memo
```

まず、pytestでテストコードを書くにあたって大事なお約束の説明です。

・テストケースのファイル名はtest_で始まるか、_test.pyで終わるようにする。
・テストケースのクラス名は必ずTestで始まるようにする。
・テストケースの関数は必ずtest_で始まるようにする。

基本的にはこの文字がついている関数をpytestはテストケースだと認識します。このルールについてはカスタマイズすることもできますが、ここでは一般的なルールに従うものとして、カスタマイズの方法は割愛します。

また、今回は関数名を「test_broadcast_gaoraを実行する」としています。この関数名には日本語がついており、厳密にはPEP8[5]に違反してしまう状態です。ただ、テストの実施ケースを判別しやすくするということで、テストケース名には日本語を使うことがよくあります。

余談ですが、pytest-pep8というプラグインを使って、pytestでPEP8のコード規約で書かれているかもテストできるそうです。詳細は割愛しますが、興味があればぜひ確認してみてください。

さて、実際のコードの内容ですが、期待結果の文字列を引数にしてdatabase.broadcast_gaora(expected_memo)を実行します。今回は「**源田たまらん**」という文字列を使っていますが、30文字を超えておらず、「ホームラン」という文字もないので、結果は引数とかわりません。同じ文字列が返ってきていることを検証するというケースになります。

8.4 テストコードを実行する

テストケースが書けたので今度は実行です。pytestでのテストコードの実行ですが、hobopy-backend直下に移動し、コマンドを実行します[6]。

```
(hobopy-backend) $ cd ~/hobopy/hobopy-backend
(hobopy-backend) $ pytest tests/test_broadcast_gaora.py
```

5.Python 共通のコーディング規約のこと。https://pep8-ja.readthedocs.io/ja/latest/

6. 本書ではターミナルからのテスト実行になりますが、PyCharm などの IDE でも実行が可能です。IDE からの実行では結果が見やすくなったり、実行に関してもさまざまなサポートがあったりしています。どのような実行ができるのか、お使いの IDE の仕様をご確認ください。

なお、この例ではテストケースのファイルを指定してコマンドを実行しています。ファイルを指定せずにpytest tests/という形式でディレクトリーを指定すると、その中にあるテストケースをすべて実施します。また、pytestのみで実行すれば、カレントディレクトリー配下のテストケースをすべて実行してくれます。

作成したテストコードを実行すると、このように実行結果が返ってきました。

```
(hobopy-backend) $ pytest tests/test_broadcast_gaora.py
======================= test session starts ========================
platform darwin -- Python 3.7.4, pytest-5.0.1, py-1.8.0, pluggy-0.12.0
rootdir: <実行時ディレクトリー>
...
collected 1 item

tests/test_broadcast_gaora.py .                                   [100%]


==================== 1 passed in 0.11 seconds ======================
```

実行したファイル名の右に **「.（ドット）」** が表示されています。こちらはパスしたテストケースの数を表しています。今回は1ケースがちゃんと通ったことを表示しています。

それではテストが失敗した場合はどうでしょうか。先ほどのテストケースと同じ関数をコピペして、assert actual_memo == expected_memoの箇所を少しいたずらしたものを作ってみました。

リスト8.3: hobopy-backend/tests/test_broadcast_gaora.py

```
from chalicelib import database

class TestBroadcastGaora:
    def test_broadcast_gaoraを実行する(self):
# <略>
    def test_broadcast_gaoraのテストを失敗させる(self):
        expected_memo = "源田たまらん"
        actual_memo = database.broadcast_gaora(expected_memo)
        assert actual_memo == expected_memo + "!"  # ←ここで失敗するはず
```

実行した結果はこのようになりました。

```
(hobopy-backend) $ pytest tests/test_broadcast_gaora.py
======================= test session starts ========================
platform darwin -- Python 3.7.4, pytest-5.0.1, py-1.8.0, pluggy-0.12.0
rootdir: <実行時ディレクトリー>
...
collected 2 items
```

```
tests/test_broadcast_gaora.py .F                                      [100%]

============================== FAILURES ==============================
_____ TestBroadcastGaora.test_broadcast_gaoraのテストを失敗させる ______

self = <tests.test_broadcast_gaora.TestBroadcastGaora object at 0x10c889a90>

    def test_broadcast_gaoraのテストを失敗させる(self):
        expected_memo = "源田たまらん"
        actual_memo = database.broadcast_gaora(expected_memo)
>       assert actual_memo == expected_memo + "!" # ←ここで失敗するはず
E       AssertionError: assert '源田たまらん' == '源田たまらん!'
E         - 源田たまらん
E         + 源田たまらん!
E         ?       +

tests/test_broadcast_gaora.py:12: AssertionError
================= 1 failed, 1 passed in 0.21 seconds =================
```

このように、先ほど表示されていた成功を示す**「.(ドット)」**の次に**「F」**が表示されています。この「F」はいわゆる「FAILURE」の略、つまりテストケースの失敗を表します。ちなみにこの「F」ですが、カラー表示可能なターミナルであれば赤く表示されます。失敗したテストケースの存在が、見た目にもわかりやすくなっています。

その下の行からは**「FAILURES」**のセクションが表示され、エラーとなった箇所が表示されます。きちんと「『'源田たまらん' == '源田たまらん!'』ってなっちゃったやで！」というように表示されています。そして「14行目でAssertionError出てるやで！」とも教えてくれています。

最後の行には今回のテスト実行結果も簡単に表示されます。「ひとつ失敗で、ひとつ成功で0.21秒かかったやで！」と書いてありますね。

8.4.1 -v, --verboseオプションをつけると

pytestの実行結果レポートは、思った以上に詳しい内容が表示されていました。ただ複数のケースを同時に実行した場合など、さらに詳しく結果のレポートが欲しくなることもあるでしょう。そのときはテスト実行時に-vあるいは、--verboseのオプションをつけてみてください。実行結果がより詳しく表示されます。先ほどのケースを-vオプションをつけて実行してみます。

```
(hobopy-backend) $ pytest -v tests/test_broadcast_gaora.py
======================== test session starts =========================
platform darwin -- Python 3.7.4, pytest-5.0.1, py-1.8.0, pluggy-0.12.0
rootdir: <実行時ディレクトリー>
...
collected 2 items

tests/test_broadcast_gaora.py::TestBroadcastGaora::test_broadcast_
gaoraを実行する PASSED [ 50%]
```

```
tests/test_broadcast_gaora.py::TestBroadcastGaora::test_broadcast_
gaoraのテストを失敗させる FAILED [100%]

============================= FAILURES ==============================
...
================ 1 failed, 1 passed in 0.18 seconds =================
```

実行結果が **「.（ドット）」** や **「F」** だけだったところが、テストケース名まで表示され、PASSEDやFAILEDといったように表示されるようになりました。こうすれば、わざわざPEP8のルールを破ってまで関数名を日本語にした意味が出てきます。

ただし、当然ですが実行結果レポートは長くなってしまいます。毎回オプションをつけて実行するのではなく、必要な時に切り替えて使うのがよいでしょう。

8.5 ユニットテストの落とし穴

この調子で、他のメソッドでもテストコードを書いていきましょう。と言いたいところですが、この調子はよくありません。コードを見ても分かるとおり、このテスト **「そらそうよ」** って内容になっています。

テストコードでありがちなのが、ただ通るだけのテストコードになってしまうことです。これではせっかくテストが実行できても、バグを見つけるとか、作ったものに自信をもつことはできません。

ユニットテストを考慮したいポイントとしては、次の5つがあげられます[7]。

1. ハッピーパス
2. 特殊ケース
3. 例外
4. プログラムとロジックの流れ
5. その他何でも

5番目については正直ズルい感が否めないですが……ここでいう1番目の **ハッピーパス** は理想的な動作の確認になります。これまではハッピーパスを確認しただけになっているので、他のポイントについても考えましょう。

8.6 使えそうなテスト技法

それでは、考慮するポイントのうちのひとつ、**特殊ケース** を考えていきます。こちらは **エッジケース** ともいわれるのですが、これを考えるにはちょっとしたテスト技法を使うのが良さそうです。

ざっくりですが、基本的な技法をふたつ紹介します。

7.Jonathan Rasmusson（2017）「初めての自動テスト Webシステムのための自動テスト基礎」（玉川紘子訳） 株式会社オライリー・ジャパン

8.6.1 同値分割

まず、**同値分割**という技法を紹介します。大変ざっくりとした解説にとどめますが、同値分割とは「同じような入力形式をグループ分けして、同じグループについては代表する値でテストしましょうね」という技法になります。

たとえば「それほど長くないテキストボックス」があるとします。この入力として確認したいテキストはいくつもありますが……このようなグループを作ってみます。

- 漢字かな英数混じりのテキスト
- 記号が入ったテキスト
- 半角カナが入ったテキスト
- 数字のテキスト
- サロゲートペア文字（4バイト以上の漢字）が入ったテキスト

それぞれに対して何パターンも考えられます。「漢字かな英数混じりのテキスト」なんていったらパターンどころの騒ぎではないです。

そこで、各グループを代表する値を決めて、その値がOKならば各グループ全体をOKとするのがこの考え方です。今回は次のような文字列を考えてみました。

- 進化系 ダゲking。心技体、珠玉の日本最高LEVEL。（漢字かな英数混じりのテキスト）
- 突破する♪シンデレラ♡ボーイ。（全角記号）
- ３・２・１！〔アップルパーンチ〕‼ （半角カナが入ったテキスト）[8]
- 0（数字のテキスト）[9]
- 寮長が作ってくれるって言ったんで、𩸽を明日食べます！（サロゲートペア文字が入ったテキスト）[10]

もちろん、どのくらいの種類にするかなどは、実施するテストに合わせて決める必要があります。なお、「ソフトウェアテスト 文字列」とかで検索すると、テストに使える文字列を生成してくれるサービスなどもヒットしますので、積極的に使ってみましょう。

8.6.2 境界値分析

もうひとつは、**境界値分析**という技法です。こちらもざっくりとした解説をさせてもらうと、「処理の条件の境目はバグになりやすいから、その前後のテストをしましょうね」というものです。

たとえば、「3文字以上、20文字未満の文字数で、10文字以上はトリミングして語尾に"…"をつけ

---

8. 〔〕で囲われた「アップルパーンチ」という文字列は、紙面では全角で表示していますが、テストケースとしては半角カナを想定しています。実施時は半角カナをご利用ください。……おのれ、組版システム。
9. 今回は数字のテキストとして「0」を取り上げました。文字列リテラルではなく数値の「0」は、Pythonでは「False」の意味にもなります。Pyhtonを使うのであれば確認しておきたい文字のひとつです。
10. 魚へんに花と書く「𩸽」という漢字がサロゲートペア文字です。ちなみに「ほっけ」と読みます。

る」という仕様があったとします。境界値分析の考え方を取り入れると、このようなケースを実施するべきと考えられます。

- 一休（2文字・NGケース）
- 一休！（3文字・通常ケース）
- イッキュイッキュ！（9文字・トリミング非対象ケース）
- イッキュ！イッキュ！（10文字・トリミング対象ケース）
- イッキュ！イッキュ！イッキュ！イッキュ（19文字・通常ケース）
- イッキュ！イッキュ！イッキュ！イッキュ！（20文字・NGケース）

8.7 技法を踏まえてテストケースを追加する

では、先ほどの関数にケースを追加していきます。まずは境界値分析を使うと、次のようなケースが考えられます。

- 30文字
- 31文字

それでは先ほどの`test_broadcast_gaora.py`に、テストケースを追加しましょう。

リスト8.4: hobopy-backend/tests/test_broadcast_gaora.py

```
# <略>
    def test_broadcast_gaoraをホームランなし30文字で実行する(self):
        expected_memo = "去年の今頃の自分のことを考えたら、天国と地獄じゃないですけど"
        actual_memo = database.broadcast_gaora(expected_memo)
        assert actual_memo == expected_memo

    def test_broadcast_gaoraをホームランなし31文字で実行する(self):
        param = "同じ札幌で、負けて胴上げしているので、似ているなと思いました。"
        expected_memo = "『イッツ！』同じ札幌で、負けて胴上げしているので、" \
                        "似ているなと思いました。" \
                        "『ゴーンヌ!』"
        actual_memo = database.broadcast_gaora(param)
        assert actual_memo == expected_memo
```

これで文字数に関する仕様はおさえることができました。

続いて同値分割の考え方でテストケースを作ってみます。ここでは「ホームラン」という文字が入っているかいないかの分岐に注目し、そもそも引数に「ホームラン」という文字が入っている場合と、入っていない場合を確認してみます。

・"ホームラン"なし
・"ホームラン"あり

このような「有効なもの」と「無効なもの」という分け方については、同値分割の基本的な考え方になります。それぞれ「有効なもの」は**有効同値クラス**、「無効なもの」は**無効同値クラス**と呼ばれたりもします。

リスト8.5: hobopy-backend/tests/test_broadcast_gaora.py

```
# <略>
    def test_broadcast_gaoraをホームランなしで実行する(self):
        expected_memo = "源田たまらん"
        actual_memo = database.broadcast_gaora(expected_memo)
        assert actual_memo == expected_memo

    def test_broadcast_gaoraをホームランありで実行する(self):
        param = "自分が満塁ホームランを打って、その後におかわりも打って"
        expected_memo = "自分が満塁『イッツ！』を打って、" \
                        "その後におかわりも打って『ゴーンヌ!』"
        actual_memo = database.broadcast_gaora(param)
        assert actual_memo == expected_memo
```

さて、さらに同値分割として、他の文字列が問題ないかも試しましょう。「ホームランあり30文字以下」で次のケースなどを加えます。

・半角カナが入ったテキスト[11]
・サロゲートペア文字（4バイト以上の漢字）

リスト8.6: hobopy-backend/tests/test_broadcast_gaora.py

```
# <略>
    def test_broadcast_gaoraを半角カナ付きで実行する(self):
        param = "3・2・1！ホームラン〔アップルパーンチ〕!!"
        expected_memo = "3・2・1！『イッツ！』〔アップルパーンチ〕!!" \
                        "『ゴーンヌ!』"
        actual_memo = database.broadcast_gaora(param)
        assert actual_memo == expected_memo

    def test_broadcast_gaoraをサロゲートペア文字付きで実行する(self):
```

11. 再びのお知らせでございます……〔〕で囲われた「アップルパーンチ」という文字列は、紙面では全角で表示していますが、テストケースとしては半角カナを想定しています。実施時は半角カナをご利用ください。覚えていろ、組版システム……。

```
        param = "ホームラン打ったら鯱作ってあげる"
        expected_memo = "『イッツ！』打ったら鯱作ってあげる" \
                        "『ゴーンヌ!』"
        actual_memo = database.broadcast_gaora(param)
        assert actual_memo == expected_memo
```

これで「ただ通すだけ」と比べれば、テストらしいコードになりました。そして追加したのは5ケースだけです。そこまでの手間でもないと思いませんか？

8.8 どのくらいテストできているか

次に考慮したいポイントとしてあげられた**プログラムとロジックの流れ**を考えていきます。出典元によれば、「ロジックの分岐を考慮すること」といわれています。ズバリ気にすることは**カバレッジ**がどのくらい高いかになります。

8.8.1 カバレッジの種類

カバレッジは日本語では**網羅率**とも呼ばれる指標になります。簡単に説明すると「テストを実施した時にプログラムの中をどれだけ確認したか」を表したものになります。カバレッジにもさまざまな判別方法があります。このメソッドを例として、２種類のカバレッジの取り方を解説していきます。

リスト8.7: sample_coverage.py

```
def spam(self, x, y):
    if x != 0:
        y = y / x
    if y > 0:
        y = y -1
```

・ステートメントカバレッジ

ひとつはステートメントカバレッジと呼ばれるものです。簡単にいえば、行を通った割合を見る方法といえます。

例にあげたメソッドでいえば、`x = 1`、`y = 1`であればif文の中はすべて通過します。ステートメントカバレッジの考え方であれば、これで100%網羅と考えられます。

・デシジョンカバレッジ

もうひとつはデシジョンカバレッジと呼ばれるものです。通った行だけでなく、判定式の`True`と`False`も分岐の基準とする考え方です。

例にあげたメソッドでいえば、ステートメントカバレッジであげた`x = 1`、`y = 1`だけではどちらのif文も`True`のケースしか確認できていません。そのため、もうひとつ、`x = 0`、`y = -1`のケースがあれば、どちらも`False`のケースが確認できます。ここまですればデシジョンカバレッジも100%

網羅できたと考えられます。

8.8.2 カバレッジを気にし過ぎても……

特定以上のカバレッジを求められ、そのためにむりやりなテストケースを作ったという話もよく聞きます。

前述のように、当たり前に通るだけのテストを書いても大きな意味はありません。ツールなどで簡単に測れますが、それほどカバレッジの数字にはこだわらなくてもよいという考え方もあります。

「当たり前に通るケースが無駄に多い」という残念なことにならないよう、ケースを考えていきましょう。ちなみに今回の例にあげている関数「broadcast_gaora」では、すでにデシジョンカバレッジは100%ある状態です。考えられたテストを書いていけば、おのずとカバレッジは上がるものです。

pytest-cov

本文ではあまりカバレッジの数字は気にしなくても……ということを記載しましたが、pytest-covというプラグインを使えばステートメントカバレッジの値をとることができます。必要な場合は、まずこちらのコマンドでプラグインをインストールしてください。

```
(hobopy-backend) $ pip install pytest-cov
```

テスト実行時には--covオプションをつけ、そのあとに対象のコードを指定して実行すると、ステートメントカバレッジの値が実行結果の後に表示されます。今回はchalicelib直下のコードを対象に実施します。

```
(hobopy-backend) $ pytest --cov=chalicelib/ tests/test_broadcast_gaora.py
=========================== test session starts ============================
...
tests/test_broadcast_gaora.py .F......                                [100%]
...
---------- coverage: platform darwin, python 3.7.3-final-0 -----------
Name                        Stmts   Miss  Cover
-----------------------------------------------
chalicelib/__init__.py          0      0   100%
chalicelib/database.py         44     27    39%
-----------------------------------------------
TOTAL                          44     27    39%
==================== 1 failed, 7 passed in 0.50 seconds ====================
```

このような形でdatabase.pyに対してのカバレッジが出力されます。

8.9 モックを使ってテストする

これまでは、いわゆるビジネスロジックのユニットテストを行ってきました。でも、ビジネスロジック以外の部分をテストしないわけにはいきません。

ただ、それ以外の部分となると、データベースが絡むロジックだったり、ファイルの読み込みが絡むロジックだったり……というのがよくあるパターンです。「じゃ実際にデータベースやファイルに接続してしまえばいいじゃない！」という気持ちになるのもよくわかりますが、その領域は次のテストレベル「結合テスト」で行いましょう。

実は、これにはちゃんと理由もあります。

データベースの接続などは不具合の起こりやすい箇所です。たとえばデータベースに接続してテストをし、不具合が発生したとします。こうなるとロジックに欠陥があるか、接続部分か、はたまたデータか……切り分けが難しくなります。そのため、ユニットテストではロジックに絞って確認し、次の結合テストで接続後を確認し……という計画で進めれば、全体としても効率よくテストができます。

ということで、ユニットテストでは接続は考えずに、ロジックの正しさに特化して確認して行きましょう！　データベースの接続などはテスト用の仮の値を返すような、いわゆる**モック**を使ったテストを実施します。このような確認もpytestの機能で実施できます。

8.9.1 データベース接続が絡むケースでモックを使う

今回モックを使ったテストをするのは、ToDoの一件取得の関数である`get_todo(todo_id)`になります。基本的にはデータを取得するだけの単純な処理ですが、ひとつ`todo`が1件も取れなかったときの分岐もあります。できればこのようなケースもテストしておきたいところですね。

リスト8.8: hobopy-backend/app.py

```
from chalice import BadRequestError, Chalice, NotFoundError
from chalicelib import database

# <略>

@app.route('/todos/{todo_id}', methods=['GET'], cors=True)
def get_todo(todo_id):
    todo = database.get_todo(todo_id)
    if todo:
        return todo
    else:
        raise NotFoundError('Todo not found.')
```

ソースを見ても分かるとおり、`database.get_todo(todo_id)`の中はデータベースの接続などが絡む処理です。ふむふむ……ちゃんと第3章「ChaliceでWeb APIの実装をしよう」にて、データベース接続の処理を切り出してもらえました。こうやってテストをしやすくしていくのも大事な作業です[12]。それでは、この処理をモックにしてユニットテストを行います。

こんなテストコードになりました。なお、テストコードは先ほどのtest_broadcast_gaora.pyと同じディレクトリーに配置します。

リスト8.9: hobopy-backend/tests/test_get_todo.py

```
from chalice import NotFoundError
import pytest
import app

class TestGetTodo:
    expected_dic = {
        "id": 201,
        "title": "まんじゅう事件",
        "memo": "ごま大福だったし、ぼくは食べてないですよ。",
        'priority': 1,
        'completed': False,
    }

    def test_get_todoでToDoが取得できること(self, monkeypatch):
        monkeypatch.setattr(
            'chalicelib.database.get_todo',
            lambda _: self.expected_dic)
        actual_dic = app.get_todo(201)
        assert actual_dic == self.expected_dic

    def test_get_todoでToDoがないときにエラーが返ること(self, monkeypatch):
        with pytest.raises(NotFoundError):
            monkeypatch.setattr(
                'chalicelib.database.get_todo',
                lambda _: 0)
            app.get_todo(202)
```

8.9.2 データベースから値が正しく取れたか

ひとつめのケースはToDoを一件取得する動きの確認です。ここで注目なのがmonkeypatch.setattrになります。

テストケースの引数には、selfに加えて、monkeypatchを用意します。そして、monkeypatchのメソッドであるsetattrにて、モックの内容を指定します。ひとつめのケースを例にすると、引数

12. テストがしづらい箇所は当然のことながら、テストが実施されなくなってしまいます。そうなるとバグが混入してもテストがされず……障害を呼ぶ原因にもなります。コードやシステム自体をテスタブルにするのも、品質を上げるための大事な作業になります。本書前半の実装編を担当されたハセバ=サン、オツカレサマドスエ。

は表8.1のようになります。

表8.1: monkeypatch.setattrの引数

第一引数	差し替えるメソッドをもつクラスと関数名	'chalicelib.database.get_todo'
第二引数	差し替え後のダミー	`lambda _:  self.expected_dic`

第二引数についてはここではlambda式で記載していますが、別途関数を用意して、それを指定する方法もあります。また、第一引数にクラス名を指定して、クラスごとモックに差し替えることもできます。

ひとつめのケースをざっくり解説すると次のようになります。

1. `chalicelib.database.get_todo(id)`の戻り値が`expected_dic`になるようにモックを設定
2. `app.get_todo(id)`を実行し、`actual_dic`を受け取る
3. `actual_dic`と`expected_dic`が同じものか検証する

8.9.3 エラーや例外が正しく投げられたか

ふたつめのケースはToDoが取れなかった時にエラーを返す仕様の確認です。モックの指定でも第二引数には`lambda _: 0`を指定し、値がない時の動きを想定しています。

このケースでは、正しく`NotFoundError`が投げられることを期待結果としています。エラーが発生することの確認の場合は、with文を使ったテストコードになります。`pytest.raises`にて、想定どおりの例外・エラーが投げられることを待ち受けるテストコードになっています。

ふたつめのケースをざっくり解説すると次のようになります。

1. with文のなかで、`pytest.raises(NotFoundError)`を指定し待ち受ける
2. ひとつ目のケースと同様にモックを設定する
3. `app.get_todo(id)`を実行する

こうすることで、`NotFoundError`が発生した場合、テスト成功になります。

pytest-chalice

本書ではバックエンドの実装でChaliceというフレームワークを用いています。実は豊富なPythonのライブラリの中には、Chaliceのテスト専用のライブラリがあります。それが`pytest-chalice`[13]です。

こちらはChaliceの`app.py`の関数を実行し、帰ってくる値やHTTPコードの検証ができるというものになります。

本書では、この後の章で実際にAPIのエンドポイントを叩く形で接続のテストをするため、`pytest-chalice`で実施可能な内容については割愛します。ただ、それができない状況では有効なプラグインになります。

13.https://pypi.org/project/pytest-chalice/

8.10　不安が退屈に変わるまで

このようにユニットテストは手軽に実施でき、さまざまなアレンジをすることで、正常系だけでなく例外のケースなども確認できます。仮にこのような確認を、画面を叩いて実施するとしたらどうでしょう。どのように実施すればいいか、様々なケースで頭を抱えることになりそうです。テストピラミッドの説明では、ユニットテストにリソースを使うことが理想形とされていました。このユニットテストの流れを踏まえれば、なぜそれが理想的なのか、感じだけでもつかめたのではないでしょうか。

「不安が退屈に変わるまでテストしよう」とアジャイルマニフェストの起草者の一人で、「テスト駆動開発」の筆者でもあるKent Beckは言っています。確かにさらにコードを書く必要があったりと手間はかかりますが、最初から退屈と思わずに……ユニットテストを実施して、不具合の早期発見を目指しましょう。

第9章　pytestでAPIテストをしよう

この章ではユニットテストの次のテストレベル、**結合テスト**を実施します。結合テストは、ユニットごとの連携も関連したテストになります。昨今のRESTfulなシステムでは、APIの単位で繋がりが確認しやすいため、本書では**APIテスト**として取り上げます。

9.1　APIテストでもpytest

ここからはユニットテストとは別の観点でテストをします。とはいいつつも……使うライブラリは、ユニットテストと同様に`pytest`です。関数名などの条件やアサートをするところなど、基本的なところはユニットテストと変わりませんが、呼び出し方や検証の仕方が変わります。

ユニットテストでは直接関数を呼び出し、その戻り値を検証しましたが、APIテストではまずそこが変わってきます。おのおののつながりを確認するテストなので、出発点は関数の呼び出しではなく、APIの呼び出しになります。また、戻ってくるのも単なる戻り値ではなく、JSON形式のデータになります。なので、テストコードでもAPIを呼び出し、戻ってくるJSONを検証するという流れになります。

実施する内容が変わるとちょっとめんどくさそう……と思いがちですが、そこは安心してください。この本は『ほぼPythonだけでサーバーレスアプリをつくろう』です。API呼び出しもJSONの解析も、Pythonのパッケージを使って簡単にできちゃいます。

9.2　サーバーとデータベースの準備をする

今回はAPIのテストということで、ローカルのエンドポイントを叩いてサーバーにアクセスし、その先のデータベースの接続までを実施します。サーバーの立ち上げについては第3章の記載内容のとおりに、データベースの立ち上げについては第4章の記載内容のとおりに進めていただければOKです。

9.2.1　データベースのデータを入れ替える

データベースの初期データですが、開発している時に使っていたデータを引き続き使っても構いません。しかし、テストにはテストしやすいデータが必要な時もあります。その場合は次の手順で変更します。

1. もしDBが起動中であれば、一度停止させる
2. `initial-data.json`を書き換える
3. `dynamodb_local_latest`内の`shared-local-instance.db`を削除する

4. DBを再度起動する
5. initial-data.jsonがあるディレクトリー内で、DynamoDBをローカルで起動するときのコマンドを実行する。

なお、DynamoDB起動コマンドを実行すると、このような表示になります。

```
$ aws dynamodb create-table --cli-input-json file://schema.json \
> --endpoint-url http://localhost:8001
{
...
}
$ aws dynamodb batch-write-item --request-items file://initial-data.json \
> --endpoint-url http://localhost:8001
{
    "UnprocessedItems": {}
}
```

今回このようなデータを設定することにしました。

表9.1: テスト編でのデータベース初期値

id	title	memo	priority
aa0123456789	ブライアン・シュリッター	シュレッダー	3
bb0123456789	ニール・ワグナー	ワグナリア	2
cc0123456789	カイル・マーティン	打ち取るまでかえるま10	1

9.3 APIテストの環境を用意する

サーバーとデータベースの準備をしたところで、今度はAPIテストを実施する環境を準備します。

9.3.1 APIテスト専用の仮想環境を用意する

さて、ユニットテストではhobopy-backendの仮想環境で作業をしましたが、これはあくまでhobopy-backendのロジックをテストしたからです。APIテストはhobopy-backendの内部だけではなく、それ以外の接続部分もテストをするので、同じ仮想環境を使うのは違和感があります。なので、APIテスト用に新しく仮想環境を作ってしまいましょう。第2章で行なった手順と同様に、hobopyディレクトリー直下でコマンドを実行します。

```
$ python -m venv ~/hobopy/.venv/hobopy-api-tests
```

ということで、この章ではhobopy-api-testsという仮想環境で作業を進めていきます。
また、テストコードの配置場所ですが、APIテスト以降のテストレベルはアプリの中ではなく、独立した観点で行います。そのため、hobopy-backendやhobopy-frontendにコードを配置する事も、違和感を感じてしまいます。ということで、今まで作成したディレクトリーではなく新しいディレクトリーを作成し、そこにテストコードを配置することにします。今回はhobopyの直下にhobopy-api-testsを作成しコードを配置しました。hobopy-backendやhobopy-frontendとは独立したディレクトリー構成になっています。

本章でこのあと作成するテストコードのファイルも含めると、このような構成になります。

図9.1: hobopy-api-tests ディレクトリー

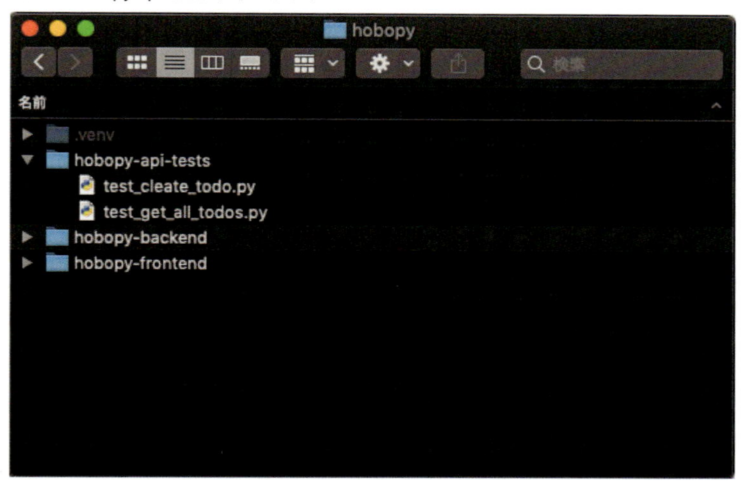

9.3.2 APIテストで使うパッケージをインストールする

それでは作った仮想環境に、APIテストで必要なパッケージをインストールしていきます。まずは先ほど少し触れたpytestのインストールです。ユニットテストでもインストールしていましたが、それはhobopy-backend向けでした。hobopy-api-testsにも同様にインストールをします。

```
(hobopy-api-tests) $ pip install pytest
```

つづいて、もうひとつ必要なパッケージをインストールします。それが**requests**[1]というPythonのHTTPライブラリです。Pythonにはもともと**urllib**[2]という標準ライブラリがあるのですが、こちらを使うと実装したコードがちょっと読みづらいという難点があります。またrequestsは、RESTfulな呼び出しにも相性がよいライブラリです。公式のページには「人間のためのHTTP」と表題が掲げられており、よりわかりやすく使えることを推しているライブラリになります。せっかくここまで推してもらっていることですし、無理して標準ライブラリを使わず、本書ではrequestsを使う方向でいきます。

1.https://requests-docs-ja.readthedocs.io/en/latest/
2.https://docs.python.jp/3/library/urllib.html

```
(hobopy-api-tests) $ pip install requests
```

また、新しく使うライブラリという意味では、**json**[3]というものを使います。こちらはPython標準のパッケージになりますので、新たにインストールは必要ありません。これぞ**batteries included**[4]なPythonのいいところですね。

9.4 APIテストを書いてみる

それではAPIテストのコードを書いていきましょう。

9.4.1 リストをとるAPIをテストする

最初ということで、バリエーションの少ない機能についてのコードを作成します。実施するのはToDoの全件取得のAPIです。

テストケースとして厳密に見るのであれば「登録されている全件が取得できること」という確認が適当でしょう。しかし、ここは単純なコードでもあるので、少しゆるめに「特定のカラムが存在すること」という観点でコードを作ってみました。

リスト9.1: hobopy-api-tests/test_get_all_todos.py

```
import requests

endpoint = 'http://127.0.0.1:8000/todos'
expected_dic = {
    'id': 'aa0123456789',
    'title': 'ブライアン・シュリッター',
    'memo': 'シュレッダー',
    'priority': 3,
    'completed': False
}

def test_get_all_todosで指定のToDoが含まれていること():
    get_todos = requests.get(endpoint)
    actual_json = get_todos.json()

    assert expected_dic in actual_json
```

期待結果用のクラス変数expected_dicをもつことなどは、ユニットテストと変わりません。大き

3.https://docs.python.org/ja/3/library/json.html

4. 日本語でいうと「電池が付属しています」という意味の言葉です。例えばおもちゃを買った時、乾電池が付属していれば何かを買い足す必要なく、箱を開けてすぐ遊ぶことができます。こんな感じでPythonでは、標準ライブラリーだけでも十分な機能があり、実装に困らないようにするという思想があります。

い違いはやはりrequestsの使い方です。

といってもそこはPythonです。特に変わった使い方には見えていないですね。requests.get(endpoint)ではHTTPリクエストをGETメソッドで送信し、その戻り値を受け取ります。戻り値はget_todos.json()とすることで、簡単にJSON型の変数になり、この中に期待結果のToDoが含まれるかをassertするだけです。

9.4.2　APIテストを実行する

それではテストを実行してみましょう。基本的なテスト実行はユニットテストのときと同様ですが、コマンド実行する場所が変わってきます。

APIテストではhobopy-api-testsの直下に移動して、pytestのコマンドを実行します。

```
(hobopy-api-tests) $ cd ~/hobopy/hobopy-api-tests
(hobopy-api-tests) $ pytest test_get_all_todos.py
```

もちろんhobopyの直下のディレクトリー構成は任意のため、本書の手順に沿ったディレクトリー構造でない場合は、適宜実行するパスを変更してください。

9.4.3　ToDoを追加するAPIをテストする

これまでの流れでGETメソッドの基本的なテストコードは抑えました。続いてPOSTメソッドなど、データを送信するときについても解説します。ということで、今度はToDoの新規登録のAPIのテストを書いていきます。

こちらも厳密に見るのであれば「データベースの中身を見て登録されていること」の確認が必要ですが、このAPIは登録内容をそのままレスポンスとして返します。なので、「レスポンスの内容が登録情報とあっているかを確認する」という観点のケースを作成しました。こちらも先ほどのテストケースと同様にhobopy-api-testsの中にコードを配置します。

リスト9.2: hobopy-api-tests/test_cleate_todo.py

```
import json
import requests

endpoint = 'http://127.0.0.1:8000/todos'
headers_dic = {'content-type': 'application/json'}
expected_dic = {
    'title': '本田圭佑',
    'memo': 'のびしろ',
    'priority': 1
}

def test_cleate_todoで登録ができること():
```

```
    actual = requests.post(
        endpoint,
        data=json.dumps(expected_dic),
        headers=headers_dic
    )

    actual_json = actual.json()

    assert actual_json['id']
    assert actual_json['title'] == expected_dic['title']
    assert actual_json['memo'] == expected_dic['memo']
    assert actual_json['priority'] == expected_dic['priority']
```

まず、クラス変数がexpected_dicとendpointの他、headers_dicが増えています。content-typeなどの指定の必要なヘッダー情報がheaders_dicに記載されます。

若干requestsの使い方にクセはあるものの、パッと見で理解できますね。requests.postの第一引数はエンドポイント、第二引数にはJSON書式にしたexpected_dicを指定し、第三引数にはヘッダー情報を指定します。

その状態でpostメソッドでのHTTP読み出しを実施し、その戻り値を前回と同様にJSON型に変換します。その中身を期待結果と照合してテスト結果にしています。

APIテストのベースは大体このようになります……が、察しのいい方は感じてるでしょう、**「そらそうよ」**と……。

9.5 ここでも使える同値分割・境界値分析

APIを実行し、結果を確認するというひととおりの流れがつかめました。

しかし、ToDo全件取得のような単純なコードであればよいのですが、これではまた**「ただ通るテストを実行している」**になってしまいます。なので、ここでも同様にテストで使えそうな技を考えてみます。が……そうなんです。

ユニットテストで説明した**同値分割**や**境界値分析**はAPIテストでも使える考え方です。さらにはこの後に控えるテストレベルでも使える万能な考え方です。使い所も考えながら盛り込んでいきましょう！

9.6 組み合わせテストのテクニック

実施しているAPIテストですが、ユニットテストに比べれば1回のケースの粒度が大きくなっています。そのため、実行条件や確認する結果もより複雑になります。そうなると、さまざまな要素の組み合わせが多くなってきてしまいます。テストレベルが上がるとこのような難点も出てくるのですが、組み合わせが多くなりそうな時に考えたい技法があります。

9.6.1 因子と水準

さて、いったん話を実際のアプリの内容に戻します。ToDoを登録するAPIには、「タイトル」「メモ」「重要度」の３種類の入力項目があります。

「タイトル」と「メモ」は、入力文字数は違うものの、テキスト入力です。ここは同じ「同値分割」の考え方ができそうです。また「重要度」はセレクトボックスですが、想定している値の他でもおかしな動作にならないか、こちらも「同値分割」の考え方でパターンを出していきます。

なお、「入力文字数についてはフロントでのバリデーションで行う仕様」ということにして、境界値の考え方はいったん置いときます[5]。

３種類の入力項目については、表9.2のようにパターンを出してみました。

表9.2: ToDo入力 項目ごとの観点

タイトル	メモ	重要度
入力無し	入力無し	通常値（1~3）
全角半角混じり	全角半角混じり	4（選択肢に無い）
記号入り	記号入り	0
改行入り	改行入り	int型の数字
0	0	指定無し

ここで用語の解説に入ります。

今回の「タイトル」「メモ」「重要度」のようなテスト対象のパラメータを**因子**と呼びます。そして各因子が取る値を**水準**と呼びます。

ここでは「タイトル」「メモ」「重要度」の3つの因子があり、それぞれが5つの水準をもつと考えられます。

9.6.2 全数テストは不可能

さて、ここまでくればピンとくるでしょう。表9.2であげたすべて水準の組み合わせを確認すれば、だいぶ盤石なテストになりますね。

とはいうものの……すべての組み合わせは5の3乗……125通りになります……。いくら自動テストといっても、ねぇ？

ちなみに「ソフトウェアテストの７原則[6]」の原則２としてしっかり、**「全数テストは不可能」**[7]と記載されています。ただ、全組み合わせはできないとしても、何か効果的な方法で組み合わせテストをしたい……という思いはみんな共通です。

5. ここでは軽く作業を省略してしまいましたが、テスト内容を省略するときは必ず実装者などのステークホルダーに相談して合意を取りましょう。これをしておかないと後々厄介なことになりかねません。

6. 日本でソフトウェアテスト技術者資格認定を運営する「JSTQB」が示しています。なお、その原典は国際ソフトウェアテスト資格認定委員会（ISTQB）が示す「Seven Principles of Software Testing」になります。

7. 単純なケースであればよいのですが、APIテストのような複雑な組み合わせの場合、実施だけでなくケースを洗い出すだけでも膨大な時間がかかります。そのため、実際のテストでは目的や使われ方、リスクの大きさなどで優先順位を決めてテストを実行します。

9.6.3　二因子間網羅

そこで編み出された考え方が**二因子間網羅**です。

こちらは**「多くのバグは二因子間で見つかる」**という仮説[8]にもとづいた考えかたで、すべての組み合わせではなく、二因子間の組み合わせのみを網羅する方法になります。研究結果によると1因子でのバグは全体のバグに対して30%~60%、2因子での組み合わせのバグは70%~95%に値するそうです。

先ほど考えた水準のパターンは、すべて「登録はできるはず」という内容です。しかし、組み合わせによっては何かエラーが起きるかもしれないという、ちょっと不安な状態を解消するために効果的な技法といえます。[9]

今回の例について具体的にいえば、次のような組み合わせが挙げられます。

・タイトル:入力無し, メモ:入力無し, 重要度:通常値（1~3）
・タイトル:入力無し, メモ:入力無し, 重要度:4（選択肢に無い）

このふたつの組み合わせは、タイトルとメモは同じ水準になっています。二因子間網羅の考え方であれば、すでに「タイトル:入力無し, メモ:入力無し」というパターンが重複していることになります。重複しているのであれば、テストケースとしては外すことができます。といった感じで、ふたつの因子の間で別な水準になるように組み合わせを網羅していく考え方になります。

とはいえ、それを洗い出すのも一苦労しそう……ですが、安心してください。Microsoftから出ている**pict**というフリーのツールを使えば、二因子間網羅の組み合わせを出すことができます。なお、このようなツールを使ってひととおりの組み合わせを出す方法を**ペアワイズ法**と呼びます。

ちなみに、今回紹介するペアワイズ法以外の方法としては**直交表**と呼ばれるものがあります。しっかり説明するとこの内容だけで1冊になるくらいのものなので、ごく簡単に説明します。こちらは、あらかじめ因子と水準の数を元にした表型のテンプレートがあり、それにあてはめて二因子間網羅の組み合わせを作る方法です。直交表はテンプレートに合わせるプロセスの中で、使用する水準の使用頻度などを調整することができるという特徴もあります。ただ、その調整を上手に行うためにはちょっとしたスキルが必要です。

ソフトウェアテストの７原則

先ほど原則２の「全数テストは不可能」という内容に触れましたが、簡単に７つの原則のちょっとした説明を記載しておきます。興味があればWebにも多く記事がありますので調べてみてください。

・テストは「欠陥がある」ことしか示せない

不具合が出なかった時は、試せていないケースがあるということや、たまたま不具合が出なかったということも考えられ、「欠陥がない」とはいえません。

8. 田口玄一氏による仮説にもとづきます。「１因子ずつの場合のバグの発見率がｐなら（直交表を利用して２因子の組み合わせの評価をすれば）それに比較してほぼｐの２乗に期待される」

9. このケースでは結果はすべて同じと思われる事象の確認になりますが、組み合わせによって結果が変わってくる仕様もあります。そのような仕様や組み合わせの整理にはデシジョンテーブルなどの技法が効果的です。

・全数テストは不可能
テストで、すべてのパターンを網羅することは、有限な時間の中では難しいことです。
・初期テスト
作り込まれた欠陥は、見つかるのが遅ければ遅いほどリカバリに時間がかかるものです。早めのテストで発見するのが得策です。
・欠陥の偏在
欠陥が見つかる場所は、ある箇所に集中していることが多いといわれています。
・殺虫剤のパラドックス
同じテストケースを使い続けると、新しい欠陥が見つけられなくなるということがあります。
・テストは条件次第
すべてのソフトウェアに共通するケースはなく、システムごとの条件を加味してテストを考えるのが大事になります。
・「バグゼロ」の落とし穴
いくらバグを修正しても、それが原因で処理が遅くなるなど、ソフトウェアとして役に立たなくなっては意味がありません。

9.7 pictのインストールと使い方

それでは、このツールのインストールから使い方について記載します。ちなみに残念ながら、こちらのツールはPython製ではなくC++製になります。ここまで読み進めていただいた皆様にはわかると思いますが、本書のタイトルは『**ほぼ**Pythonだけでサーバーレスアプリをつくろう』です。C++製でもその恩恵にはあずかることにしましょう。

9.7.1 Mac・Linuxの場合

Mac、Linuxの場合はGitHubからcloneする形でインストールします。コマンドは次のとおりです。

```
$ git clone https://github.com/Microsoft/pict.git
$ cd pict
$ make
...
$ sudo install -m 0755 pict /usr/local/bin/pict
```

9.7.2 Windowsの場合

次のURLからmsiファイルがダウンロードできます。

http://download.microsoft.com/download/f/5/5/f55484df-8494-48fa-8dbd-8c6f76cc014b/pict33.msi

こちらを起動してツールをインストールしてください。

9.7.3 因子一覧ファイルを用意する

因子と水準の例をもとに、次のようなテキストファイルを用意します。

リスト9.3: sample_pict.txt

```
タイトル: 入力無し, 全角半角混じり, 記号入り, 改行入り, 0
メモ: 入力無し, 全角半角混じり, 記号入り, 改行入り, 0
重要度: 通常値, 4(選択肢に無い), 0, int型の数字, 指定無し
```

見てのとおり、因子名の後ろに「:」をおき、そのあと水準名をカンマ区切りで続ける書式になります。こちらにはsample_pict.txtとでも名前をつけておきましょう。

9.7.4 pictツールの実行

因子一覧ファイルをpictツールの同じディレクトリーに配置し、コマンドを実行すると、組み合わせ結果が返ってきます。

```
$ pict sample_pict.txt
タイトル メモ 重要度
入力無し 改行入り 指定無し
全角半角混じり 全角半角混じり 通常値
入力無し 記号入り 0
記号入り 改行入り 通常値
記号入り 入力無し 0
0 記号入り 指定無し
0 全角半角混じり int型の数字
改行入り 記号入り 通常値
記号入り 0 指定無し
0 0 4(選択肢に無い)
入力無し 0 通常値
改行入り 改行入り int型の数字
改行入り 0 0
0 入力無し 通常値
全角半角混じり 改行入り 4(選択肢に無い)
全角半角混じり 記号入り 0
記号入り 記号入り int型の数字
0 改行入り 0
全角半角混じり 入力無し 指定無し
入力無し 入力無し int型の数字
改行入り 入力無し 4(選択肢に無い)
改行入り 全角半角混じり 指定無し
全角半角混じり 0 int型の数字
入力無し 全角半角混じり 4(選択肢に無い)
記号入り 記号入り 4(選択肢に無い)
記号入り 全角半角混じり 0
```

実施結果を見やすく整理すると、表9.3のようになります。

表9.3: PICTによる出力結果

No	タイトル	メモ	重要度
1	入力無し	改行入り	指定無し
2	全角半角混じり	全角半角混じり	通常値
3	入力無し	記号入り	0
4	記号入り	改行入り	通常値
5	記号入り	入力無し	0
6	0	記号入り	指定無し
7	0	全角半角混じり	int型の数字
8	改行入り	記号入り	通常値
9	記号入り	0	指定無し
10	0	0	4（選択肢に無い）
11	入力無し	0	通常値
12	改行入り	改行入り	int型の数字
13	改行入り	0	0
14	0	入力無し	通常値
15	全角半角混じり	改行入り	4（選択肢に無い）
16	全角半角混じり	記号入り	0
17	記号入り	記号入り	int型の数字
18	0	改行入り	0
19	全角半角混じり	入力無し	指定無し
20	入力無し	入力無し	int型の数字
21	改行入り	入力無し	4（選択肢に無い）
22	改行入り	全角半角混じり	指定無し
23	全角半角混じり	0	int型の数字
24	入力無し	全角半角混じり	4（選択肢に無い）
25	記号入り	記号入り	4（選択肢に無い）
26	記号入り	全角半角混じり	0

全網羅を考えた場合は125通りとなっていましたが、二因子間網羅の考え方を使えば26通りと、大幅に削減できました。

このパターンで実施すれば、通ることを確認するだけのテストから、バグを見つけるためのテストにグレードアップできます。

9.8 テストのパラメーター化

pictツールで組み合わせも出せたので、先ほど作ったテストケースに追加していきましょう。

ですが……テストケースの数は最初に作った1ケースとPICTで出した26ケース、合わせて27ケースになります。大幅に削減されたとはいえ「このまま無心に同じような登録するだけのケースを何個も作らないといけないのか？」という思いもこみ上がります。実はこの問題点を解消するための機能もpytestには備わっています。

9.8.1 テストをパラメータ化する準備

今回実施しようとしている組み合わせのテストケースは、テストの手順はすべて同じですが、登録する値が違います。このような場合、引数を別に用意して、ロジックはひとつにして……というのが通常の開発では考えられます。もちろんそれはテストコードだからといって例外ではありません。このような場合、pytestでは**パラメータ化**という方法が使えます。

まずはリスト9.2で記載したtest_cleate_todo.pyを改良して、どのようにテストケースをパラメータ化するかをみていきましょう。

リスト9.4: hobopy-api-tests/test_cleate_todo.py

```
import pytest
import json
import requests

endpoint = 'http://127.0.0.1:8000/todos'
headers_dic = {'content-type': 'application/json'}

case_palam_dic = [
    {'case': 'No0 Happy Path',
     'title': '本田圭佑', 'memo': 'のびしろ', 'priority': 1}
    ]
conditions_ids = ['conditions({})'.format(t['case'])
                  for t in case_palam_dic]

@pytest.mark.parametrize(
    "conditions_dic", case_palam_dic, ids=conditions_ids)
def test_cleate_todoで登録ができること(conditions_dic):
    actual = requests.post(
        endpoint,
        data=json.dumps(conditions_dic),
        headers=headers_dic
    )

    actual_json = actual.json()

    assert actual_json['id']
    assert actual_json['title'] == conditions_dic['title']
    assert actual_json['memo'] == conditions_dic['memo']
    assert actual_json['priority'] == conditions_dic['priority']
```

以前はテストケースの中で登録する値を参照していましたが、今回は引数conditions_dicで受け取るように変更しています。そして、関数の上に書かれた@pytest.mark.parametrizeというデコレーターがパラメータ化のキモになります。@pytest.mark.parametrizeの引数ですが、1番目は文字列リテラルでテストケースの引数名が指定されます。2番目に記載しているのは、1番目の引数に渡す値が入ったリストになります。今回は別に定義されたリストを指定していますが、直接リストを記載しても構いません。3番目はオプションになりますが、ここで記載されたフォーマットがpytest -vで実行した時にログとして表示されます。インデックスの値などではわかりづらくなってしまう時などに活用しましょう。

表9.4: @pytest.mark.parametrizeの引数

第一引数	テストケースの引数名	"conditions_dic"
第二引数	引数に渡す値が入ったリスト	case_palam_dic
第三引数	テスト実行時ログに表示する内容（オプション）	ids=conditions_ids

9.8.2 組み合わせのパターンをパラメータに

ここまでくればやることは見えてきました。case_palam_dicの内容を増やせば、そのままケースが増えることになります。パラメータで指定する内容も変数化できるので、今回はこのようにしてみました。

リスト9.5: hobopy-api-tests/test_cleate_todo.py

```
import pytest
import json
import requests

endpoint = 'http://127.0.0.1:8000/todos'
headers_dic = {'content-type': 'application/json'}

# 組み合わせテストで使う値
empty = ""
mixed = "進化系　ダゲking。心技体、珠玉の日本最高LEVEL。"
symbol = "突破する♪シンデレラ♡ボーイ。"
new_line = '''真獅子の、

骨と牙'''
str_zero = "0"
nomal = '3'
out = '4'
int_num = 2

# 組み合わせパラメーター
```

```
case_palam_dic = [
    {'case': 'No0 Happy Path',
        'title': '本田圭佑', 'memo': 'のびしろ', 'priority': 1},
    {'case': 'No1 empty,new_line,empty',
        'title': empty, 'memo': new_line, 'priority': empty},
    {'case': 'No2 mixed,mixed,nomal',
        'title': mixed, 'memo': mixed, 'priority': nomal},
# <略>
    {'case': 'No25 symbol,symbol,out',
        'title': symbol, 'memo': symbol, 'priority': out},
    {'case': 'No26 symbol,mixed,str_zero',
        'title': symbol, 'memo': mixed, 'priority': str_zero}
    ]
conditions_ids = ['conditions({})'.format(t['case']) for t in case_palam_dic]

@pytest.mark.parametrize("conditions_dic", case_palam_dic, ids=conditions_ids)
def test_cleate_taskで登録ができること(conditions_dic):
    actual = requests.post(
        endpoint,
        data=json.dumps(conditions_dic),
        headers=headers_dic
    )

    actual_json = actual.json()

    assert actual_json['id']
    assert actual_json['title'] == conditions_dic['title']
    assert actual_json['memo'] == conditions_dic['memo']
    assert actual_json['priority'] == conditions_dic['priority']
```

誌面の都合上、すべてのケースは載せられませんが[10]、組み合わせの数だけパラメータを指定します。そうすれば別のテストケースとして実行できます。

9.9 実行してみると？

結果はつぎのようになりました。

10. サンプルコードにはすべてのケースを記載しています。必要あれば本書の冒頭に紹介しているリポジトリーからご参照ください。

```
(hobopy-api-tests) $ pytest test_cleate_todo.py
======================= test session starts ========================
platform darwin -- Python 3.7.4, pytest-5.0.1, py-1.8.0, pluggy-0.12.0
...
collected 27 items

test_cleate_todo.py .F.F.FF..F.F..F....FFFF.F..                [100%]

============================ FAILURES =============================
__ test_cleate_taskで登録ができること[conditions(No1 empty,new_line,empty
)] ___
...
>       assert actual_json['id']
E       KeyError: 'id'

test_create_todo.py:62: KeyError
...
=============== 12 failed, 15 passed in 0.95 seconds ===============
```

全部で27ケースのうち、12ケースでfailureが返ってきました。

9.9.1 さあ！ すべてのfailureを数えよう！

表示されたfailureの内容を細かくみていきましょう。どうやらassert actual_json['id']を実行した際、actual_jsonにidというキーがいないという内容のようです。つまり、正しく値が返ってきていない=正しく登録ができていないケースがあります。なお、今回failureがでたケースはすべて同じ内容でした。

それでは、failureとなったケースはどのような組み合わせだったのかを見ていきましょう。表9.5に内容をまとめています。

表9.5: 失敗したケース

No	タイトル	メモ	重要度
1	**入力無し**	改行入り	**指定無し**
3	**入力無し**	記号入り	0
5	記号入り	**入力無し**	0
6	0	記号入り	**指定無し**
9	記号入り	0	**指定無し**
11	**入力無し**	0	通常値
14	0	**入力無し**	通常値
19	全角半角混じり	**入力無し**	**指定無し**
20	**入力無し**	**入力無し**	int型の数字
21	改行入り	**入力無し**	4（選択肢に無い）
22	改行入り	全角半角混じり	**指定無し**
24	**入力無し**	全角半角混じり	4（選択肢に無い）

共通点として、タイトルとメモが「入力無し」になっているケース、そして重要度が「指定なし」になっているケースがすべてfailureでした[11]。つまり、タイトル、メモ、重要度いずれかの入力が無い状態だと登録ができない、ということになります。組み合わせテストによって、このような不具合の傾向もわかり、どんな欠陥が潜んでいるか分析ができるようになります。

ということで、実装者に連絡連絡〜……え？　サーバー側ではそんなデータが来ることは考慮していないし、どうせクライアント側でバリデーションかけると……。だからこの動作は仕様としてくださいとー……[12]。

まぁ、そのような「考慮していなかったこと」を考えるきっかけにもなります。考慮されているのといないのでは雲泥の差があります。実施した意味はあったといえそうですね。

11. 調査の結果、DynamoDBには空文字を登録できない仕様があり、それに引っかかったということがわかりました。

12. ちゃんとサーバー側にもバリデーションを入れてもらうことになりました。その時の彼は良い目をしていました。本気の目だ。

第10章　SeleneでUIテストをしよう

この章では結合テストの次のテストレベル、**システムテスト**を実施します。結合テストではサーバー側のみの確認でしたが、システムテストでは画面との連携もテスト対象になります。自動テストを考えた場合、UI操作から全体の動作を通して確認することになります。そのため、**UIテスト**と呼ばれたりもします。

10.1　End to Endを自動化する

ここ数年前ぐらいから徐々に話が出始めて、QA界隈でも話題にこと欠かないのが**End to End（E2E）テスト**の自動化です。E2Eテストと意識の高い言い方をしていますが、簡単にいえばブラウザーを叩いて行うテストです。

Webのアプリケーションでは**Selenium**[1]というUIテストツールが定番化してきました。このSelenium自体はJavaやRubyなどの他、Pythonを使って操作することもできます。しかし、Seleniumの実装は、複雑な構成の画面になると格段に面倒くさくなる傾向があります[2]。Javaであれば、ここら辺の面倒くささを解消するものとして**Selenide**[3]というラッパが存在し、こちらも最近よく知られるようになっています。

それではPythonではどうでしょうか？　実は同様のものをyashakaさんというウクライナの技術者が開発してくれました！　その名も**Selene**[4]です。セレーネー！　月の女神様ですよー。思わず「がんばえー！」と声援を送りたくなってしまう名前です。まぁ、元々のSeleniumの由来となっている元素名「セレニウム = セレン」の語源をそのまま使うあたりも素敵です。さらに実装編使われているChaliceは聖杯……聖杯を携える月の女神……とても絵になりそうです！

ということで、この章ではSeleneを使ったUIテストの自動化を説明していきます。

いくのですが……。

ライブラリの使い方を学んでうまくことが進むようになる……わけではないのがE2Eテストの自動化だったりします。

10.1.1　そもそもE2Eテストの自動化とは

「ブラウザーを叩いて行うテスト」はみなさん経験ありますね？　おそらく誰もが馴染みのあるテスト方法、一昔前は新人さんが最初にやる仕事ともいわれていました。仕様を理解するのは触ってみるのが一番早いし、コードを書くわけではないし、そして若干面倒な作業ですし……。

1.https://www.seleniumhq.org

2.Selenideの作者は「SeleniumはUIテストのためのツールではなく、ブラウザー操作のためのツール。」と述べています。詳細はこちら参照ください。http://selenide.org/documentation/selenide-vs-selenium

3.https://selenide.org

4.https://selene.readthedocs.io/en/latest/

さて、そんな正直しんどい作業が自動化できる。「自分の手でなくて自動で実施できるなんてステキやん」と感じる方も多いでしょう。しかし、そう思うようにはいかないのが実際のところ……どうも使いどころというのがあるようです。

10.1.2 テスト自動化の8原則

ソフトウェアテスティングの自動化について、技術領域の定義や啓蒙を行うコミュニティーとして「テスト自動化研究会」[5]があります。こちらで提言するもののひとつとして、「テスト自動化の8原則」があります。

1. 手動テストはなくならない
2. 手動でおこなって効果のないテストを自動化しても無駄である
3. 自動テストは書いたことしかテストしない
4. テスト自動化の効用はコスト削減だけではない
5. 自動テストシステムの開発は継続的におこなうものである
6. 自動化検討はプロジェクト初期から
7. 自動テストで新種のバグが見つかることは稀である
8. テスト結果分析という新たなタスクが生まれる

詳細な内容については、テスト自動化研究会のサイトを参照ください。もうハナから「**手動テストはなくならない**」といわれていますね。そもそも自動化することに向かないテストも少なくありません。

さて、この原則を使って「ステキやん」となって膨らんでいた明るい気持ちを現実に引き戻していきましょう。

自動テストは書いたことしかテストしないという原則にあるように、テスト項目を実施している中で、確認している観点とは別な不具合が見つかるというケースはよくあることです。でも、自動テストではその観点のみの視点になってしまっていますから、別な不具合は見つけてくれません。それだけ自動テストは融通が利きません。

自動テストシステムの開発は継続的におこなうものであるとあるとおり、変更があるたびにメンテナンスが必要です。ここでの変更というのは画面のソースが変わるだけではなく、スクリプトによる表示の変化なども対象となります。

自動テストで新種のバグが見つかることは稀であるとあるように、多くのバグは自動テストを実装するまでの過程の中で、すでに見つかっているはずです。そのため、「新しいバグを見つける」という用途ではなく、「動いていたものが動かなくなることを検知する」用途で使うのが有意義といわれます。

となると、間違いなくいえそうなのは**「手動のテストはしないといけない」**ということですね。

5.https://sites.google.com/site/testautomationresearch/

10.1.3　使い所は……？

待って！　本投げないで！！！

言いたいことはわかります。「じゃ、E2Eの自動テストって意味あるの？」という話になります。実際の現場でも、この手の話はよく聞かれます。筆者は手動であれば数分で終了する「ゲームのチュートリアルを突破する」というテストコードを書いていたら、１週間かかったという経験をしています。しかもそのチュートリアルが頻繁に更新されてしまうとしたら、テストコードもその都度作り直す必要があります。こんなことが起こってしまったら、前向きだったQAエンジニアも心が折れてしまいます[6]。

とはいえ、やはりメリットもあげることができます。

・ログチェックなど、手動ではとても手間がかかるものもある。
・エンジニアがいなくてもテスト実施できる。
　―勤務時間外でもテストを回せる。
・環境がそろえば、パラレルでテストを回すこともできる。

ここに上げたもの以外にメリットは数多くあります。しかし、一つ一つを考えるときちんと実施するためには、少々難易度が高い内容になってしまいます。

10.2　スモークテスト

それではそこそこの難易度で、効果的なものはないのでしょうか？　その答えとしてあげられるのが**スモークテスト**です。

10.2.1　スモークテストとは

スモークテストとは、本格的なテストの実施前に行うテストで、「テスト対象のソフトウェアがテストを行うに値する品質であるか」を確認するものです。

たとえば、これからテストを実施する機能があるのに、そこにたどり着くリンクがきれていたらテストはできません。また、じっくり見なければいけない機能の完成度がたいへん低いものであったらどうでしょうか。テストをやろうとしても、実施を阻害する不具合がたくさん出てきてしまっては、計画どおりにテストができない状態になってしまいます。「これからテストするぞ！」と意気込んでいる時にこのようなものが出てきたら……イラっとしますよね。イラっとするだけならよいのですが、もしそのテストを実施するために結構無理してリソースを用意していたら……うん、涙あふれてきます[7]。そのようなことを防ぐためにも有効なのがスモークテストです。

ちなみに、言葉の由来としてはこちらのようなものがあるそうです。

---

6. 実際テストコードができたあとチュートリアルが更新され、私は心が折れました。この経験から当時のサービスでは自動テストを導入しない派になりました。
7. まだ自分の作業リソースならいいのですが、テストを外部に発注するなどがあった場合は無駄な出費が発生することもあります。

・水道管の作業をした直後、管に煙を流してざっと漏れがないか確認するテスト。
・電気製品が完成した直後、一度通電させてみて煙や火花が出ないか確認するテスト。

さて、これであれば細かい要件を作り込む必要もありません。さらに手動のテスト前に行うものだから、そもそも「自動テストだけで済ます」という事態にもなりません。

10.2.2 スモークテストを設計する

ということで、今回のToDo管理のアプリのスモークテストとしては何ができていればよいでしょうか。ざっとこんな内容でしょうか。

・ToDoを新規登録する
・ToDoを完了にする
・ToDoを削除する

では、この中の「ToDoを新規登録する」をサンプルとして考えていきます。新規登録する手順を洗い出すとこのようになります。

1. 画面を開く
2. 登録ボタンをタップすると新規作成モーダルが開く
3. 各入力欄に値を入力する
4. モーダル内の登録ボタンをタップする
5. ToDo一覧に入力した内容が表示されている

この流れがそのままテストシナリオになり、これをコードにしていけば立派なUIテストの自動化ができます。仰々しく「設計する」などと書いてありますが、こんなものです。今回説明の対象にはしませんが、「ToDoを完了にする」「ToDoを削除する」も、この感じであればテストシナリオを作れますね。
それでは「スモークテストの実施」をPythonで進めていきましょう。

10.3 UIテストの環境を用意する

進めるために必要なのは、やはり開発環境になります。前回のAPIテストでも実施したように、UIテストでも独立した仮想環境を用意した方が都合は良さそうですので、その準備をしていきましょう。

10.3.1 UIテスト専用の仮想環境を用意する

APIテストのときは独自に`hobopy-api-test`という仮想環境を作成しました。このときと同じように、今度はUIテスト用の仮想環境を作成します。

他の仮想環境に入っていない状態で、hobopyディレクトリー直下に移動し、コマンドを実行します。

```
$ python -m venv ~/hobopy/.venv/hobopy-ui-tests
```

UIテストはhobopy-ui-testsという仮想環境で作業を進めます。

また、UIテストもAPIテストと同様にアプリの内部とは独立したものになります。よって、hobopyの直下にhobopy-ui-testsというディレクトリーを作成しました。UIテストのテストコードはここに配置します。

本章でこのあと作成するテストコードのファイルも含めると、このような構成になります。

図10.1: hobopy-ui-tests ディレクトリー

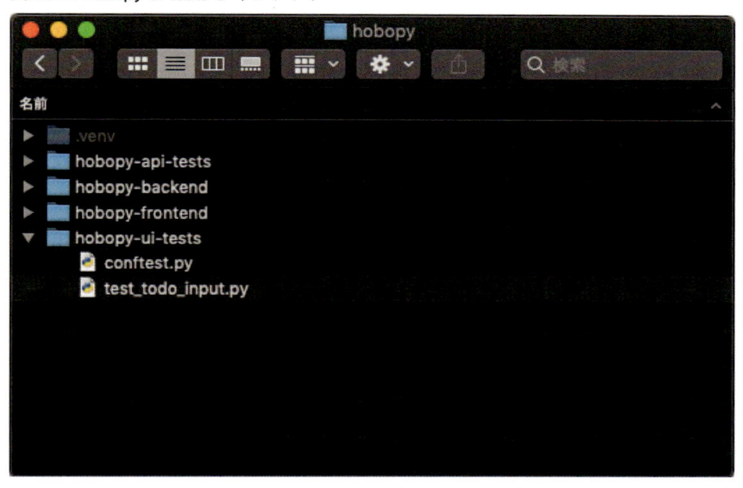

10.3.2　UIテストのパッケージをインストールする

さて、この先はAPIテストと同様に必要なパッケージをインストールしていきます。これまでの流れの中で、**Selenium**、**Selene**というパッケージ名は紹介してきましたが、もうひとつテストを行う上で大事なものがあります。そう、ご存じ！！　**pytest**であります！

「もう見た……」という声が出てきそうですが、仮想環境が違います。UIテストにはUIテスト用のpytestをインストールしましょう。

```
(hobopy-ui-tests) $ pip install pytest
```

そしてお待ちかね、新登場のパッケージをインストールします。お伝えのとおりSeleneはSeleniumのラッパです。そのため、インストールは両方実施する必要があります。Selenium、Seleneも他のライブラリと同様にpipを使ってインストールができます。なおSeleneについてはvar1.0の正式なリリースがあるまでは--preオプションをつけてインストールすることが推奨されています[8]。

```
(hobopy-ui-tests) $ pip install selenium
(hobopy-ui-tests) $ pip install selene --pre
```

10.3.3 ブラウザーのDriverの準備

もうひとつ、自動テストをするために必要なものが、操作するブラウザーのDriverです。

利用するブラウザーについては流行り廃りありますが、最近は**Google Chromeのheadlessモード**でテストを実施するのが標準になっています。headlessブラウザーだと、テスト実行時にブラウザーの表示が行われないため、テスト実行速度などのパフォーマンス的な利点があります。こちらの利用手順は次のとおりになります。

1. Google Chrome Canaryをhttps://www.google.com/chrome/browser/canary.htmlからインストールする
2. Chromeのドライバーをhttps://sites.google.com/a/chromium.org/chromedriver/homeからダウンロードして、pathの通っているところに配置する

なお、本書ではChromeのドライバーを`'/usr/local/bin/'`に配置します。

また、これらの手順は基本的にはWindows、Macともに同様です。

10.4 Seleniumだけでやってみる、あえてね。

さて、ここからは具体的にUIテストのコードを書いていきます。

まずはSeleneの機能を使わずに、Seleniumのみの機能を使ってコードを書いてみます。テストシナリオをコメントにして、コメントの内容の合うようにSeleniumのリファレンスなどを見ながらコードに落とし込みます。形としてはこのような感じになりました。

リスト10.1: hobopy-ui-tests/conftest.py

```
import pytest
from selenium.webdriver import Chrome, ChromeOptions

@pytest.fixture(scope='function')
def driver():
    # テスト前処理
    options = ChromeOptions()
    # ヘッドレスモードを有効にする (次の行をコメントアウトすると画面が表示される)
    options.add_argument('--headless')
```

8.https://github.com/yashaka/selene/#latest-published-pre-release-version-currently-this-is-recommended-option-unless-selene-10-will-be-released

```
    # ChromeのWebDriverオブジェクトを作成する
    driver = Chrome(options=options,
                    executable_path='/usr/local/bin/chromedriver')

    # テストケース実施
    yield driver

    # テスト後処理
    driver.close()
```

リスト10.2: hobopy-ui-tests/test_todo_input.py

```
from selenium.webdriver.support import expected_conditions as EC
from selenium.webdriver.support.ui import WebDriverWait, Select

class TestTodoInput:
    def test_ToDoを一件登録する(self, driver):
        # 画面を開く
        driver.get('http://127.0.0.1:8002/index.html')

        # 登録ボタンをタップする
        driver.find_element_by_id("new-todo").click()
        WebDriverWait(driver, 10).until(
            EC.visibility_of(
                driver.find_element_by_class_name("modal-title"))
        )

        # 各入力欄に値を入力する
        driver.find_element_by_id(
            "modal-todo-title").send_keys("CATCH the GLORY")
        driver.find_element_by_id(
            "modal-todo-memo").send_keys("新時代、熱狂しろ！")
        priority_element = driver.find_element_by_id(
            "modal-todo-priority")
        priority_select_element = Select(priority_element)
        priority_select_element.select_by_value("3")

        # 登録ボタンをタップする
        driver.find_element_by_id("register-button").click()

        # 入力した内容が表示されていることを確認
        WebDriverWait(driver, 10).until(
```

```
            EC.visibility_of(driver.find_element_by_id("todo-list"))
        )
        assert_flg = False
        table_element = driver.find_element_by_id("todo-list")
        todo_title_elements = \
            table_element.find_elements_by_css_selector(
                "td:nth-of-type(2)")
        for todo_title_element in todo_title_elements:
            if todo_title_element.text.find("CATCH the GLORY"):
                assert_flg = True

        assert assert_flg
```

まったく前置きなしに近い状態でこのコードをみると……うん……な、なんか……すごいっすね……。

10.4.1 テストの前処理と後処理

長々したものはちょっと置いておいて……先にここではじめて登場になった**前処理と後処理**について触れておきます。

本来であればユニットテストやAPIテストでも使えるものですが、若干使いどころがなかったのでここでの初登場になりました。**フィクスチャ**と呼ばれるpytestの仕組みを使って、前処理と後処理を実施していきます。

コードとしては、conftest.pyで書かれた内容です。もう一度リスト10.3で確認しておきましょう。

リスト10.3: hobopy-ui-tests/conftest.py

```
import pytest
from selenium.webdriver import Chrome, ChromeOptions

@pytest.fixture(scope='function')
def driver():
    # テスト前処理
    options = ChromeOptions()
    # ヘッドレスモードを有効にする（次の行をコメントアウトすると画面が表示される）
    options.add_argument('--headless')
    # ChromeのWebDriverオブジェクトを作成する
    driver = Chrome(options=options,
                    executable_path='/usr/local/bin/chromedriver')

    # テストケース実施
    yield driver
```

```
    # テスト後処理
    driver.close()
```

まず、前処理と後処理を記載する関数には`@pytest.fixture()`というデコレーターがつけられます。そうすることで、この関数がテストケースの実行ごとに呼び出されます。

リスト10.3では、`yield driver`の前までが、テストケース実施前に行われる**前処理**です。ChromeのWebDriverオブジェクトを作成するといった、これをしないとテストケースが開始できない内容になっています。

`yield driver`の際に個々のテストケースが実行されます。作成したWebDriverオブジェクトは**yield文**[9]で返す形になり、個々のテストケースではフィクスチャと同じ関数名の引数として使うことになります。

`yield driver`の後がテストケース実施後に行われる**後処理**です。ここではWebDriverオブジェクトのcloseといった、こちらも終了時に必要な処理をおこなっています。

また、`@pytest.fixture()`にはオプションとして`scope='function'`といった形式でスコープを指定できます。こちらは「テストケースとなる関数ごとに実行する」「テストケースが書かれたクラスごとに実行する」といったように前処理・後処理の実行タイミングを指定する内容になります。指定できるタイミングは表10.1を参照してください。

表10.1: scopeとして指定できるもの

scope	実行タイミング
scope='function'	テストケースの関数ごとに実行
scope='class'	テストケースのクラスごとに実行
scope='module'	テストケースが書かれたファイルごとに実行
scope='session'	テストのコマンド実行ごとに実行

今回は`conftest.py`というファイルにフィクスチャの内容を記載しました。フィクスチャの記載自体は同じファイルの中でもできるのですが、このファイル名で処理内容を記載することで、同じディレクトリーにあるすべてのテストケースでこの内容を実行できるようになります。WebDriverの生成といったすべてのUIテストで共通に実施する内容は、このように外出しするのが良さそうです。

なお、このドライバーの準備処理はMacで実施した場合の内容になります。Windowsの場合は`options`の設定を次のように記載します。

リスト10.4: hobopy-ui-tests/conftest.py

```
# <略>
    # ヘッドレスモードを有効にする（次の行をコメントアウトすると画面が表示される）
    options.add_argument('--headless')
```

9.https://docs.python.org/ja/3/reference/expressions.html#yieldexpr

```
    options.binary_location = \
        "C:\\Program Files (x86)" \
        "\\Google\\Chrome\\Application\\chrome.exe"
    # ChromeのWebDriverオブジェクトを作成する
    driver = Chrome(
        options=options,
        executable_path=
        'D:\\Program\\chromedriver_win32\\chromedriver.exe')
# <略>
```

setupメソッドとteardownメソッド

pytest以外のxUnitを触ったことがある方ならsetupやteardownという言葉をご存知でしょう。他のxUnitでは、一般的に前処理用の関数として**setupメソッド**が、後処理用の関数として**teardownメソッド**が利用されます。

pytestでは基本的な仕組みとしてフィクスチャがあるため、特別にこれらの関数を使わなくても前処理・後処理ができるのですが、一応他で慣れた方向けに（？）setup_method()/teardown_method()というような関数を使って実装ができるようになっています。pytestではこれらの関数は**xUnitフィクスチャ**と呼ばれています。

ただ、xUnitフィクスチャは細かいところで利用に制限があったりするらしく、他のxUnitと同じように使えるというぐらいしかメリットはないようです。

10.4.2 UIテストを実行する

まぁ、こんなにダラダラしたものでも正しければテストコードとして実行できます。まず実行のためにサーバーを起動しましょう。APIテストと同じようにローカルでサーバーを立ち上げることに加えて、**Web Server for Chrome**を立ち上げます。ここについては第5章に記載がありますので、そちらをご参照ください。

続いてコマンド実行についてです。UIテストはhobopy-ui-testsの直下に移動して、pytestのコマンドを実行します。

```
(hobopy-ui-tests) $ cd ~/hobopy/hobopy-ui-tests
(hobopy-ui-tests) $ pytest test_todo_input.py
```

なお、hobopyの直下のディレクトリー構成は任意になります。本書の手順に沿ったディレクトリー構造でない場合は、適宜実行するパスを変更してください。

このまま実行するといつものようにコンソール上に結果が出てきますが、フィクスチャにあるoptions.add_argument('--headless')をコメントアウトすると、Chromeが立ち上がり、テストコードで実施している操作が見えるようになります。どのようにテストコードが動いているか、見ているのも楽しいです。また、ある意味Debugモードのように動きを見ることができますので、初めのうちはコメントアウトしておくのもよいでしょう。

10.4.3　Spaghettiパターン

ちょっと現実逃避っぽくおざなりにしてましたが……肝心のテストコードをみていきましょうか。まぁこちら、それぞれのテストの手順をコードにしていっただけ……Seleniumのチュートリアルなどを見ながらつらつら書いただけでした。

このやり方、初めはみなさんが通る方法ですが……実は**Spaghettiパターン**という名前のアンチパターンとされています。スパゲッティって、この業界の人ならあまりいいイメージがない言葉ですよね。麺が絡まりどこで何が起こっているかわからない……書いているうちはわかっていても、徐々にその認識が薄れてしまう……。

自動テストのコードは前述のとおり、回し続ける限りメンテナンスしないといけないものです。その常識を一気に忘れたくなっちゃうのがSpaghettiパターンです。

10.4.4　ドウシテコウナッタ

このコードの何がいけないのか。ざっとあげるとこんなところです。

・どの画面の処理かわからない

ひとつの流れで処理がズラーっと並んでいるので、一覧画面の処理か、モーダルの処理かがわかりません。

・WebDriverWaitって何？

細かく見た人は気が付きましたね……結構こちらがSeleniumでテストするときのつらみのあるところです。簡単にいうと画面遷移や非同期処理がある場合、画面の描写がされる前に次の処理に進んでしまうことがあります。そうなるとタップする想定だったボタンが表示されていないため見つけることができず、エラーになってしまうことが多々あります。そのため、ちょくちょく「これが出てくるまで待つんやで」という処理を入れるのですが……これはこれでつらみを感じます。

・マジックナンバーが多い

画面上の要素を指定するためではあるのですが、謎の文字列が多く存在しています。基本的には定数にしましょうというのがセオリーですが、その場合、定数がやたら多くなります。

・何の確認かが見えない

で、ここまでやって最終的に何を確認してるか、内部の処理が多すぎて見えづらいですよね。結局テストケースとしても、何が手順なのか、何が期待結果で何が実測値なのか……そこが判別しづらいのもつらいところです。

10.5　そしてSelene

ここで上がった問題点を解決できる方法があります。それがSeleneを使った実装になります。

何が素晴らしいのかというと、Seleneは要素を取得する時のコードがシンプルに書けます。SeleneのリポジトリのReadMeには、**jquery-style shortcuts**と説明されたものがあります。こちらはJavaのSeleniumラッパであるSelenideなどでも採用されている書き方です。それでは先ほどのソースをSeleneらしい書き方に変えてみます。

リスト10.5: hobopy-ui-tests/conftest.py

```
import pytest
from selenium.webdriver import Chrome, ChromeOptions
from selene.driver import SeleneDriver

@pytest.fixture(scope='function')
def driver():
    # テスト前処理
    options = ChromeOptions()
    # ヘッドレスモードを有効にする（次の行をコメントアウトすると画面が表示される）
    options.add_argument('--headless')
    # ChromeのWebDriverオブジェクトを作成する
    chrome_driver = Chrome(options=options,
                          executable_path='/usr/local/bin/chromedriver')
    # SeleneDriverにラップする
    driver = SeleneDriver.wrap(chrome_driver)

    # テストケース実施
    yield driver
# <略>
```

リスト10.6: hobopy-ui-tests/test_todo_input.py

```
from selene.api import *

class TestTodoInput:
    def test_ToDoを一件登録する(self, driver):
        # 画面を開く
        driver.get('http://127.0.0.1:8002/index.html')

        # 登録ボタンをタップする
        driver.s("#new-todo").click()
        driver.s(".modal-title").should(be.visible)

        # 各入力欄に値を入力する
        driver.s("#modal-todo-title").set_value("CATCH the GLORY")
        driver.s("#modal-todo-memo").set_value("新時代、熱狂しろ！")
        driver.s("#modal-todo-priority").click()
        driver.s("#modal-todo-priority :nth-child(3)").click()

        # 登録ボタンをタップする
        driver.s("#register-button").click()
```

```
        # 入力した内容が表示されていることを確認
        driver.s("#todo-list").should(be.visible)
        assert_flg = False
        todo_elements = driver.ss("#todo-list tr")
        for todo_element in todo_elements:
            if todo_element.s("td:nth-of-type(2)") \
                    .text.find("CATCH the GLORY"):
                assert_flg = True

        assert assert_flg
```

長いのは相変わらずなのですが……若干見やすくなってます。変更点を中心に解説します。

10.5.1 driverのラップ

まずフィクスチャの中に変更点があります。コードとしては次の箇所です。

リスト10.7: hobopy-ui-tests/conftest.py

```
# <略>
    # ChromeのWebDriverオブジェクトを作成する
    chrome_driver = Chrome(options=options,
                           executable_path='/usr/local/bin/chromedriver')
    # SeleneDriverにラップする
    driver = SeleneDriver.wrap(chrome_driver)
# <略>
```

単純に、このような形でSeleniumのドライバーをSeleneのものにラップしています。これでドライバーでのSeleneの機能が使えるようになります。

10.5.2 jquery-style

Seleniumでは要素を取得する時は`driver.find_element_by_css_selector...`という形になっていました。この書き方ですが、結構プログラムの行が長くなってしまいます。これで取得する`WebElement`の関数をさらに実行することが多いので、行はさらに長くなります。

でもSeleneではサンプルにもあるとおり、このような書き方になります。

リスト10.8: hobopy-ui-tests/test_todo_input.py

```
# <略>
        # 登録ボタンをタップする
        driver.s("#new-todo").click()
# <略>
```

driverの後にsという関数が続いていますが、こちらがjqueryでいうところの$に相当します。なので、このsを使えばCSSセレクタを使って、単独の要素を取得できます。

また、コードの最後の方ではこのような記述もありました。

リスト10.9: hobopy-ui-tests/test_todo_input.py

```
# <略>
        # 入力した内容が表示されていることを確認
        assert_flg = False
        todo_elements = driver.ss("#todo-list tr")
# <略>
```

driverの後にssという関数が続いている箇所があります。こちらがjqueryでいうところの$$に相当します。なので、このssを使えばCSSセレクタを使って、複数の要素を取得できます。

なお、Javaのラッパである Selenideでは、そのまま$や$$が使えるのですが……きっとこの辺りがPythonで利用するための工夫なのでしょう。そういえば第5章でも同じような記述がありましたね。

10.5.3 WebDriverWaitなくなった

SeleniumのソースではWebDriverWaitという謎の処理がありました。本当に冗長な処理なのですが、Seleneでは基本的にはこの記述は必要ありません。各要素取得の際に待ってくれています。

ただ、それでも要素の取得に毎回ではないが失敗するなど、安定しないことがあります。そのときには明示的にWaitをかけるのですが、それもわかりやすい表現になっています。

リスト10.10: hobopy-ui-tests/test_todo_input.py

```
# <略>
        # 登録ボタンをタップする
        driver.s("#new-todo").click()
        driver.s(".modal-title").should(be.visible) # ←この処理です
# <略>
        # 入力した内容が表示されていることを確認
        driver.s("#todo-list").should(be.visible) # ←この処理です
# <略>
```

こちらに示したdriver.s(".modal-title").should(be.visible)という記載がWaitをかける処理です。どちらもCSSセレクタで指定した要素が表示されるまで待つ処理になります。英語を直訳すると **「".modal-title"が見えるはず」** という意味になり、直感でどんな動作になるか、わかりやすくなっています。

10.6 Page Objectパターン

要素の取得の記述が変わっただけでも、だいぶ見やすくなっていますが……やっぱりひとつのテストコードが長いのは変わりません。この状態の解決方法が**Page Objectパターン**です。Page Objectパターンは UIの自動テストで有効なデザインパターンとして知られています。

10.6.1 そもそもPage Objectパターンとは？

Page Objectパターンとは、簡単にいえば「画面をひとつのオブジェクトとする」というデザインパターンです。一つの画面内の処理は、その画面のクラスの中に入れてしまいます。そのため、CSSセレクタや画面特有の文字列などもそのクラスの定数にできます。

今までのごちゃごちゃしたコードを見ると、何かこの定義を聞いただけでもスッキリしそうな気がしますね。今回のToDoアプリは厳密には画面が変わりませんが、モーダルがあるので、そこは別な画面と考えられそうです。これを踏まえて、Page Objectパターンを取り入れていきましょう。

10.6.2 Page Objectパターンでやってみた

ということで頑張ってテストコードを改造していくと……テストコードの構成が変わりました。「画面をひとつのオブジェクトとする」という考え方をした結果、画面での処理が別なクラスとして独立することになります。

`hobopy-ui-tests`の中はこのような構成に変わっています。今回は`pages`というディレクトリーを作り、その中に各画面のクラスのコードを配置しています。

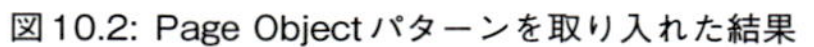
図10.2: Page Objectパターンを取り入れた結果

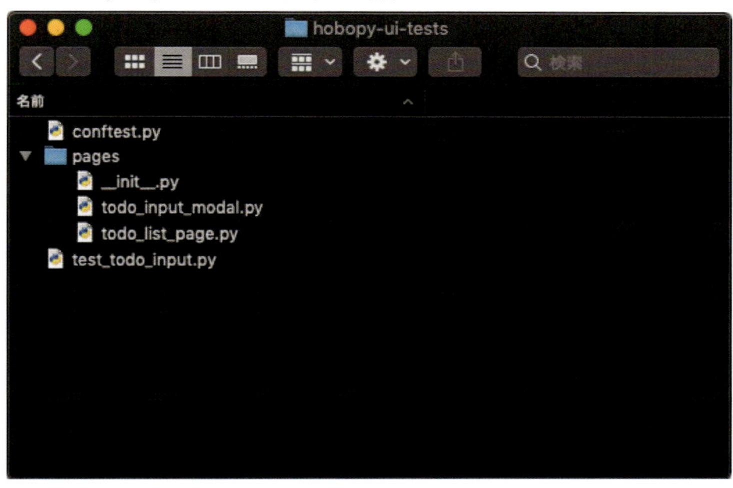

まず大元のテストコードはこのようになりました。なお今回はフィクスチャに変更点はないため、`conftest.py`は先ほどと同じ内容になります。

リスト10.11: hobopy-ui-tests/test_todo_input.py

```
from pages.todo_list_page import TodoListPage


class TestTodoInput:
```

```
    def test_ToDoを一件登録する(self, driver):
        param_title = "CATCH the GLORY"
        param_memo = "新時代、熱狂しろ！"
        param_priority = "低"
        expected_title = "CATCH the GLORY"

        todo_list_page = TodoListPage(driver)

        # 画面を開く
        todo_list_page.open_page()

        # 登録ボタンをタップする
        todo_input_modal = todo_list_page.click_register()

        # 各入力欄に値を入力する
        todo_input_modal.input_param(
            param_title, param_memo, param_priority)

        # 登録ボタンをタップする
        todo_input_modal.click_register()

        # 入力した内容が表示されていることを確認
        assert todo_list_page.is_exist_title(expected_title)
```

まずコードがシンプルになったのが一目瞭然ですね。そして、param_title、param_memo、param_priorityという形で、テスト条件もはっきりしています。expected_titleという形で期待結果も切り出されて、さらに合否判定についてもこの中で実施しているので、テストケースとしてもわかりやすくなっています。テストケースにはテスト条件、手順、期待結果さえあればよくて、CSSセレクタの値とかはないほうがよいのです。

また注目なのは、todo_list_pageと、todo_input_modalというふたつのオブジェクトです。以前は一緒になっていた「ToDo一覧」と「入力モーダル」の処理を、それぞれ分割しました。

それでは、ToDo一覧のオブジェクトの前半部分から紹介します。

リスト10.12: hobopy-ui-tests/pages/todo_list_page.py

```
from selene.api import *
from .todo_input_modal import TodoInputModal

class TodoListPage:
    URL = 'http://127.0.0.1:8002/index.html'
    REGISTER_BUTTON_SELECTOR = "#new-todo"
    TODO_LIST_SELECTOR = "#todo-list tr"
```

```
    TODO_TITLE_CELL_SELECTOR = "td:nth-of-type(2)"

    def __init__(self, driver=None):
        self.driver = driver

    def open_page(self):
        self.driver.get(self.URL)

    def click_register(self):
        self.driver.s(self.REGISTER_BUTTON_SELECTOR).click()
        return TodoInputModal(self.driver)
# <略>
```

URLやCSSセレクタの文字列は、すべて定数として扱う変数の表記をしています。テストケースとは別に、各画面の情報は各画面のオブジェクトに持たせるというのがPage Objectパターンの考え方です。driverはinitの処理で受けとり、画面を表示させる処理やモーダルを開く処理をそれぞれ関数にしています。そしてclick_registerの関数では、次にモーダルを開く処理に続くため、TodoInputModalのオブジェクトを生成して戻り値にしています。

それでは、つづけてモーダルのオブジェクトを見ていきます。

リスト10.13: hobopy-ui-tests/pages/todo_input_modal.py

```
from selene.api import *

class TodoInputModal:
    TITLE_SELECTOR = "#modal-todo-title"
    MEMO_SELECTOR = "#modal-todo-memo"
    PRIORITY_SELECT_SELECTOR = "#modal-todo-priority"
    PRIORITY_OPTION_SELECTOR = {
        "高": "#modal-todo-priority :nth-child(1)",
        "中": "#modal-todo-priority :nth-child(2)",
        "低": "#modal-todo-priority :nth-child(3)"
    }
    REGISTER_BUTTON_SELECTOR = "#register-button"

    def __init__(self, driver=None):
        self.driver = driver
        driver.s(".modal-title").should(be.visible)

    def input_param(self,
                    title_input_value,
                    memo_input_value,
```

```
                priority_input_value):
        self.driver.s(
            self.TITLE_SELECTOR).set_value(title_input_value)
        self.driver.s(
            self.MEMO_SELECTOR).set_value(memo_input_value)
        self.driver.s(
            self.PRIORITY_SELECT_SELECTOR).click()
        self.driver.s(
            self.PRIORITY_OPTION_SELECTOR[priority_input_value]) \
            .click()

    def click_register(self):
        self.driver.s(self.REGISTER_BUTTON_SELECTOR).click()
```

ここでも各要素のCSSセレクタを定数にしています。またセレクトボックスのUIについては、辞書型の定数にすることで画面表示されている値で選択できるようにしています。input_paramでテストケースから受け取った値を入力し、click_registerで登録するというフローになります。

最後にToDo一覧のオブジェクトの後半部分を紹介します。

リスト10.14: hobopy-ui-tests/pages/todo_list_page.py

```
# <略>
    def is_exist_title(self, title):
        exist_flg = False
        self.driver.s("#todo-list").should(be.visible)
        todo_elements = self.driver.ss(self.TODO_LIST_SELECTOR)
        for todo_element in todo_elements:
            todo_title_cell = todo_element.s(
                self.TODO_TITLE_CELL_SELECTOR)
            if todo_title_cell.text.find(title):
                exist_flg = True
        return exist_flg
```

ここには表示された一覧に引数のタイトルが含まれるかを判定するロジックがあります。is_exist_titleのロジックについては、少々テストケースっぽい内容になっていますが、assertはしていないので、ページ内のロジックとしています。

10.6.3 他にもこんなメリットが！

Page Objectパターンを取り入れたことで、かなり可読性が上がりました。さらに、メリットはこれだけじゃありません。

・処理の使い回し

たとえば入力モーダルのオブジェクトであれば、登録の引数を変えれば、さまざまな入力パターンを試すことができます。今回のスモークテストの範疇からは外れてしまいますが、それこそ同値分析、境界値、組み合わせなどのテストも同じ関数で実施できます。

また、一覧にタイトルが存在するかという`is_exist_title`関数も作りましたが、こちらも使い回しができます。たとえば「ToDoを削除する」という機能のテストケースを作る際であれば、一覧に存在しないことを判定するロジックとして使うこともできます。関数が充実してくれば、あとは実行の組み合わせでケースが作れるようになります。

・メンテナンスのしやすさ

もしテストケースが各画面で繋がってしまっていたら、ひとつの画面に仕様変更が入った場合、テストケース全体に影響が出てしまいます。また、どこを修正すればいいかがわからず、誤った箇所に手を入れてしまいエラーを引き起こすことも考えられます。

これも画面で分かれていることで、リスクが軽減できています。どのオブジェクトを直すかが明確ですよね。自動テストをやっていくことは常にメンテナンスをしていくことともいえるので、それだけかなり大きなメリットになります[10]。

10.7 はやるかな？

ここで紹介したSeleneですが、実はあまり広まっていないのが現状です。JavaであるSelenideの他、**RSpec**[11]や**Capybara**[12]などRuby製品がQA界隈ではよく使われています。

Pythonはご存じのとおり、そもそも可読性の高い言語です。QAエンジニアの中にはまだプログラムに触れていない方も多いのですが、そのような人たちにこそPythonでテストコードを書いて欲しいという思いがあります。そういう意味でもSeleneがうまく広がってくれないかなーと思っています。

10. こちらはガチな体験談になるのですが、本書の底本の入稿3日前に画面のCSSセレクタが変更されました。当然掲載しているSpaghettiパターンのコードからPage Objectパターンのコードまで修正することになりました。……はい、Page Objectパターンの変更しやすさを身をもって体験しました。

11. http://rspec.info

12. https://rubygems.org/gems/capybara

第11章　手動テストは……さすがに手でやろう

11.1　手動テストはなくならない

さて、テストピラミッドでいえば最上階のテストレベルまでやってきました。

ここまではテストコードを書いて、実施はプログラムにやってもらっていましたが、この先は実際に触らないといけない領域です。UIテストの章でも触れた「テスト自動化の8原則」には「手動テストはなくならない」という原則があります。ある種のシンギュラリティがあれば話は別ですが、この原則は当分いわれ続けるものなのでしょう。

11.2　じゃ今までのことは？

さて、みなさま覚えていますでしょうか？　テスト自動化の説明の導入で、こんな疑問を取り上げました。

「どうせ手でもやらないといけないんでしょ？　だったら、コード書くとかじゃなくて全部手でやればいいんじゃね？」

ひととおり自動テストを通した上でどうでしょうか？　それではこれまでにやったテストを「何を確かめたのか」を観点に振り返ってみます。

11.2.1　ユニットテストではコードの中を網羅した

ユニットテストでは**境界値分析**や**同値分割**という考え方を元にテストコードを作り、関数の単位でテストを実施しました。それによって作ったコードが正しく動いているかを、処理の分岐ごとに確認ができました。

また、この段階ではデータベースの接続などは行わずに、モックを使ったテストをしました。こちらでは正常に接続した際に加え、値が取れない場合に想定どおり動作するかという観点も確認しました。結果としてカバレッジも上がり、**もれなく動作の確認ができた**といえる状態になりました。

もちろん、境界値分析や同値分割の考え方は手動テストでも使えるものです。ただ手動テストだけですべてを網羅するということは、かなり難易度の高いものになります。物によっては絶妙なテストデータが必要になりますし、無駄に長時間かかってしまうこともあるでしょう。もちろんユニットテストが通っているから手動テストをやらなくていいという考えは短絡的ともいえますが、この段階で確認が取れているのは安全性や信頼性が高い状態といえます。

11.2.2　APIテストではサーバーサイドの流れを確認した

APIテストでは、エンドポイントにリクエストし、データベースを通してレスポンスを受け取るという**流れの確認**を実施しました。ここでは**二因子間網羅**の考え方を使って、入力値の効果的な組み合わせをテストしました。ここでの組み合わせは正常なものだけでなく、異常なデータやそもそもデータがない場合なども対象にしました。結果として**仕様上想定していなかった動作**による不具合も確認できました。

しっかりしたUIがある画面では、このような異常なデータや必須なのに入力がないケースは、確認が困難なものです。通常であれば起こらないケースなので、手動テストでも見逃しがちな観点になります。ただ、この状態で確認ができていれば、万が一の時もどのような動きをするか、認識しておくことができます。

11.2.3　UIテストではスモークテストをした

UIテストでは、手動テストを実施する前の確認という意味で、**スモークテスト**を行いました。ここでは基本的なアプリの動作フローを動かしてみて、問題ないことを試しています。

こちらは手動テストを前提としたテストになりますが、しているとしていないとでは**テストに向かう姿勢**が変わってきます。実施していない状態であれば、まずは基本的な機能が正しく動くことの確認をしなければなりません。メインとなる流れで不具合が発生してしまうと、その不具合のせいでテストが進められなくなります。そのため、立てていたスケジュールや戦略にも影響が出ることもあります。

11.2.4　だいぶ盤石になってます

これらのテストレベルを通過したことで、コード上の処理の流れ、コンポーネント間の連携、異常値、基本的なUIについては確認できています。振り返ったとおり、**手動でやるにはコストがかかる**確認も多くありました。自動テストの有効性も理解いただけましたね。

さて、これだけでもだいぶ硬いですが……手動だけとはいかないのと同様に自動だけともいきません。それでは手動テストでは何をすべきでしょうか。

11.3　まだ確認してないことを手動テストで

自動でできなかった観点は手動テストで埋めていきます。もちろんここで紹介できないテストタイプや手法は数多くありますが、ざっと代表的なものをあげていきます。

11.3.1　いじめてみたらどうか

よくQAエンジニアの中でいわれる**いじめる**という類いのものです。一応これは**フォールト攻撃**といった名前がついており、方法論的なテストのアプローチといわれています。

操作関連では、ボタンを連打してみるとか、必要以上にローディングを繰り返してみるとかはよく実施されます。また、組み合わせテストの時に使った、サロゲートペア文字や絵文字を使った登録とか……画像やファイルを使う場合はやたらサイズの大きい画像や、動画GIFを使うなども挙げられます。コラムに記載した**ソフトウェアテストの7原則**の4番目には**欠陥の偏在**というものがありますが、不具合が多く見つかった箇所をより掘り下げて確認するのもよく行われる方法です。

ただ、連打などの繰り返しの動作や決められた長い文章を打つなど、手動で行うには面倒な作業もあります。それはぜひ自動テストで行いましょう。気がついたらテストコードにしてみるのもよさそうです。

11.3.2 セキュリティーは守られているか

「いじめてみる」に通ずるところもありそうですが、**インジェクション攻撃**の対策ができているかも確認したいところです。**SQLインジェクション**や**Javascriptインジェクション**などの確認として、テキストボックスに文字列を入力し、登録や編集などの操作をしてみましょう。

でも、実はSQLインジェクションだったら「' OR 1=1--」という文字列、Javascriptインジェクションだったら「#"><script>alert('テスト');</script><」という文字列といったようにパターンがあるものです。第10章ではスモークテストを紹介したため、この内容は入れていませんでした。ただ、インジェクション関連の確認は、入力する文字列も長くなる傾向があります。UIテストなどでコードにしてみるのもよいでしょう。

11.3.3 どのように動作するか

いわゆる**非機能テスト**はなかなか自動テストでは行えません。そもそもどのような動きをするのかを確かめるのが非機能テストの目的なので、明確な期待結果がないというのがひとつの理由です。たとえば通信が遮断された時に復帰が容易かといった信頼性のテスト、別ブラウザーも問題なく動作できるかなどの相互運用性のテストなどが挙げられます。

なお、非機能テストには負荷テストも含まれますが、こちらはむしろそのための環境を作ってからでないと実施ができないものになります。またパフォーマンスの確認については「画面遷移した後、ある要素が表示されるまで○秒とする」などの規定を定めれば、明確な期待結果がある状態になります。その場合はテストケース実施時の時間をプログラム上で計測してその時間を検証すればよいので、どちらかといえば自動テストの方が向いている確認内容といえます。

11.3.4 使っていて気持ちがいいか

最近話題なエモい言葉**UI/UX**も自動テストでは判別できないものです。使っていてわかりづらくないか、使っていて不快にならないか……といった**感覚的なところ**も手動テストで判別する大事な観点です。

感覚に頼るため明確に不具合といえない部分もありますが、インタラクションが重視されるサービスもどんどん増えていますので、この観点は無視できません。

11.3.5 その他気になることはないか

自動テストは明確な期待結果がないと判定ができません。つまりは想定した範囲での確認になります。触って実際に目で見ていると、思わぬところで気になる動きが出てくることもあります。表示されているが実は見えづらいとか、クリック範囲がシビアすぎるとか、自動テストでは検知できないところもあります。

また、手動テストは自動テストに比べて柔軟性が効くというメリットもあります。思いついた動作をすぐしてみるというのもぜひ手動テストで実施しておきたいところです。

11.4 完璧を目指すよりも……

ここまでテストを実施し、検出したバグも対応されれば、品質もリリースできる水準になっているはずです。ただ、まだまだ確認したいところもあるという方もいるでしょう。そしてきっと、どんな確認をしてもリリース後に発覚する不具合は出てしまうでしょう。

品質を考えると、この条件ではどうか……あの状況ではどうか……というようにいろいろな場合が浮かんできてしまいます。浮かばなくなっても見落としがないかとか悩ましい気持ちはつきません。でもこのまま足踏みしていても次に進みません。

FacebookのCEOとしても知られるザッカーバーグも「完璧を目指すよりも、まずは終わらせろ」といっています。本書後半のテストの工程は「実装しておしまいじゃないよね」から始めましたが、さすがにここまでできればおしまいといっていいでしょう。

ここまで来たらやることはひとつ……そう、**リリース**です。つくったサービスを世に出せば、開発活動に目処をつけられます。

本番環境への手動でのデプロイ方法は、バックエンドは第4章を、フロントエンドは第5章参考にしてください。覚悟を決めて……ポチってしちゃいましょう！　それそれー。

第12章　CI/CD環境で自動テストをしよう

12.1　触れていなかった自動テストのメリット

で……ここにきて自動テストの大きなメリットを思い出しました。自動であれば、**いつでも同じ手順、同じ観点でテストができる**のです。たとえば今回実施したユニットテストがリリースのたびに自動で実施できれば……毎回のリリースも安心してできそうじゃありませんか。

ここで役に立つ手法が**CI（Continuous Integration）**や**CD（Continuous Delivery）**です。こちらの説明も第6章でされておりますので、必要ならば読み返してください。

こちらに自動テストを組み込めば、毎回動作するタイミングで自動テストを走らせることができます。その実施方法や実施する内容について、この章で説明していきます。

12.2　CI/CD環境に自動テストを設定する

自動テスト実施の設定は第6章にて説明されたバックエンド用の`buildspec.yml`に記載します。リスト12.1のようにユニットテストに使うパッケージのインストールと実行コマンドを追加してください。いずれもChaliceのパッケージを作る前に実行します。

リスト12.1: hobopy-backend/buildspec.yml

```
version: 0.1
phases:
  install:
    commands:
      - sudo pip install --upgrade awscli
      - aws --version
      - sudo pip install 'chalice>=1.9.0,<1.10.0'
      - sudo pip install -r requirements.txt
      - sudo pip install pytest      # ←ここを追加
      - pytest tests/ || exit 1      # ←ここを追加
      - chalice package /tmp/packaged --stage prod
      - aws cloudformation package --template-file /tmp/packaged/sam.json --s3-b
ucket ${APP_S3_BUCKET} --output-template-file transformed.yaml
artifacts:
  type: zip
  files:
    - transformed.yaml
```

`sudo pip install pytest`にて、ユニットテストに必要な**ご存じ！！　pytest**をインストール

します。そのあと、pytest tests/ || exit 1のコマンドで、テストが実行されます。

ここではhobopy-backendの下のtestsに配置されたすべてのテストケースを実施する形になります。テストがすべて成功すれば次の実行コマンドに処理が移りますが、テストが失敗した場合はその場で処理を終了させます。

なお、テストが失敗したタイミングで、メールを送信したり、チャットに実行結果を出力したりするようなスクリプトを組み込むこともできます。そうすれば、テスト失敗のなどの検知も簡単にできるようになります。

この設定を変更した状態でgitにコミットします。

```
$ git add -A .
$ git commit -m "buildspec.ymlにユニットテスト実行の設定追加"
```

このあと、CodeCommitにPushすれば設定が反映され、CI上にて自動でユニットテストが実行されるようになります。

```
$ git push codecommit master
```

この後のpushからは登録したユニットテストが毎回実施されます。CIの画面上からも成功か失敗かが分かるようになり、テストコードが書かれている範囲については、毎回その品質が担保されている状態になります。

12.3 どのようにテストを運用するか

……という感じでCIに設定して、毎回自動テストが実行できるようになりました。ここからはどんなテストをCIで実施するかを考えていきましょう。

12.3.1 テストの範囲

本書の中でテストコードを書いて自動化したのはユニットテスト、APIテスト、UIテストでした。

ローカル環境において、人間が指定したタイミングでテストを実行するのであれば、これらすべてのテストを実施しても構わないでしょう。しかし、CIサーバーでテストを実施するにあたってはちょっと検討が必要です。

まず、ユニットテストは必ず実施してよいでしょう。第7章で「テストピラミッド」の図を使って紹介したように、ユニットテストは非常に費用対効果が高いものになります。回数をこなせばこなすだけ、その効果も期待できます。また、ユニットテストは純粋なPythonのテストになるので、実施に際して特別な準備は必要ありません。そして、1件あたりの実行時間も短く抑えられます。

一方、APIテスト、UIテストについては考えどころです。

本書の例でいえば、まず仮想環境をそれぞれ独立させているので、どのように連携させるかを検討する必要があります。また、APIテストを実施するにはローカルサーバー、DynamoDB Localの起動が必要です。もしくは課金覚悟でAWSにリリースする必要があったり……。さらにUIテストはそれに加えて、CIサーバー内にWebブラウザーが必要になります。テストレベルが上がるにつれて、準備のハードルが上がっていきます。

もちろん、ステージング環境[1]を用意するなどの準備をして、実行方法なども工夫すれば完全に不可能ではないでしょう。そしてコスト[2]に見合うだけの成果を得られるのであれば、結合テスト以降もCIで実施してよいでしょう。最近はDocker[3]などの便利な仕組みもあります。実施についてのハードルが特に問題なく超えられるのであれば、自動テストを回してみてください。

12.3.2 テストのタイミング

CIサーバーでのテストは、次のタイミングで実行することが多いでしょう。

1. バージョン管理システムに登録するときに実行する
2. リリース用のビルドをするときに実行する
3. 特定の周期で定期的に実行する

まず、1のタイミングでは必ず実行しましょう。ここでバグの混入を防ぐことができれば、リポジトリー内のコードをクリーンな状態に保つことができます。とはいえ、テストが通らないとまったくコミットできない、というのもつらみがあります。Gitをご利用でGitHub Flow[4]を採用している場合、テストを走らせるのはmasterブランチのみ、といった柔軟性があってもよいでしょう。

2のタイミングでテストを実行すれば、リリースされるプログラムがこれまでの機能を壊していないことを確認できます。いわゆるリリース前の最終的なチェックに利用する方法です。コミット時にテストをしているのならばリリース時には不要という考え方もありますが、外部環境の変化により今まで正しかったプログラムが突然正しくなくなるという可能性もあります。できればこのタイミングでもテストを実行したいところです。

3のタイミングでは、より広範囲なテストを実行するチャンスです。コミットやリリースと違ってテストの終了を待つ人がいないため、テストが長時間にわたっても問題になりません。もし結合テストやUIテストを自動化したのであれば、コミット時やリリース前にはユニットテストだけ実行し、夜中にはAPIテストやUIテストも含めて、丸ごとテストするといった戦略も考えられます。延々とリロードするとか、なんども投稿するとか……そんないじめる系のテストも向いているタイミングといえます。

なお、この章で紹介したリスト12.1に記載した方法では、1のタイミングの実施が実現できています。

---

1. 本番環境とは別にある、同様の構成の検証用環境をステージング環境と呼んでいます。こちらがあれば本番へのリリースの前に同等の条件での確認などができるようになります。ただし、簡単にいえば本番と同じものがもうひとつあるような状態なので、用意する場合はその分の管理コストも考える必要があります。
2. 金銭的なコストも、作業工数的なコストも含みます。
3. https://www.docker.com/
4. http://scottchacon.com/2011/08/31/github-flow.html

12.3.3 作るの大変だったんだから

自動テストには、最初に設計した内容と同じテストを、なんども行うことができるというメリットがあります。そして実施するテストとタイミングを適切にすれば、特にコストもかけずに自動テストを回すことができます。何度も永続的に自動テストを実施することは、よいことしかないといえるでしょう。

自動テストを最初の1回実行したきりで終わらせるのは大変もったいないことです。テストコードの作成や実施については、だいぶ手間がかかりました。でも、何回も実行することを考えれば多少の準備コストがあろうと、結果的には見合った効果が出てきます。

12.4 お疲れ様でした！

これでほぼPythonだけでサーバーレスアプリがつくれました！

これで読者の皆様も**「あーそーゆーことね、完全に理解した」**と自信を持っていえますね！

さて、今回はサーバーレスアプリをターゲットにして、ほぼPythonだけで——ちょいちょい無理もしながら、少し他言語の力も借りながら——一つのシステムを作る流れを紹介しました。もちろんこれにとどまらず、まだまだPythonでできることは多くあります。私たちは今後もPythonでどんなことができるか、どんな場面で使えるかをいろいろ試していこうと思います。よろしければ、皆様もどのように使えるかを考えて、つくってみてください[5]。Pythonでつくっていく事の楽しさを、じっくり味わうことができるはずです。

また、考えたものやつくったものは、ぜひ公開してみてください。そこから色々なつながりも生まれ、連鎖的に楽しみも増えてくるのではないかと思います。みんなでPythonを楽しんでいきましょう！

それじゃあ、みんな！　バイバイッ☆

5. 最後まで読んでいただいた皆様はわかっていただいていると思いますが、テストなどで品質を確認することも「つくる」の範囲内ですよ！

著者紹介

長谷場 潤也（はせば じゅんや）

技術系同人サークル「Thunder Claw」のニンジャスレイヤー好きのほう。第1章から第6章までを担当。埼玉西武ライオンズとクイズマジックアカデミーをこよなく愛するWebエンジニア兼Androidエンジニア。好きな大阪桐蔭は中村剛也、好きな富士大学は外崎修汰、好きなクイズ形式はアニメ＆ゲーム並べ替え。

安田 譲（やすた じょう）

技術系同人サークル「Thunder Claw」のポプテピピック好きのほう。第7章から第12章までを担当。根っからの特撮好きな元システムエンジニア、現QAエンジニア。雨宮慶太がデザインする怪人や、坂本浩一がこだわる足のカットには日々感銘を受けている。過去6つの特撮作品にてエキストラ出演経験あり。

◎本書スタッフ
アートディレクター/装丁：岡田章志＋GY
編集協力：飯嶋玲子
表紙イラスト：ジョン湿地王
デジタル編集：栗原 翔

技術の泉シリーズ・刊行によせて

技術者の知見のアウトプットである技術同人誌は、急速に認知度を高めています。インプレスR&Dは国内最大級の即売会「技術書典」（https://techbookfest.org/）で頒布された技術同人誌を底本とした商業書籍を2016年より刊行し、これらを中心とした『技術書典シリーズ』を展開してきました。2019年4月、より幅広い技術同人誌を対象とし、最新の知見を発信するために『技術の泉シリーズ』へリニューアルしました。今後は「技術書典」をはじめとした各種即売会や、勉強会・LT会などで頒布された技術同人誌を底本とした商業書籍を刊行し、技術同人誌の普及と発展に貢献することを目指します。エンジニアの“知の結晶”である技術同人誌の世界に、より多くの方が触れていただくきっかけになれば幸いです。

株式会社インプレスR&D
技術の泉シリーズ　編集長　山城 敬

●本書の内容についてのお問い合わせ先
株式会社インプレスR&D　メール窓口
np-info@impress.co.jp
件名に「『本書名』問い合わせ係」と明記してお送りください。
電話やFAX、郵便でのご質問にはお答えできません。返信までには、しばらくお時間をいただく場合があります。
なお、本書の範囲を超えるご質問にはお答えしかねますので、あらかじめご了承ください。
また、本書の内容についてはNextPublishingオフィシャルWebサイトにて情報を公開しております。
https://nextpublishing.jp/

●落丁・乱丁本はお手数ですが、インプレスカスタマーセンターまでお送りください。送料弊社負担にてお取り替えさせていただきます。但し、古書店で購入されたものについてはお取り替えできません。
■読者の窓口
インプレスカスタマーセンター
〒 101-0051
東京都千代田区神田神保町一丁目 105番地
TEL 03-6837-5016／FAX 03-6837-5023
info@impress.co.jp
■書店／販売店のご注文窓口
株式会社インプレス受注センター
TEL 048-449-8040／FAX 048-449-8041

技術の泉シリーズ

ほぼPythonだけでサーバーレスアプリをつくろう

2019年8月30日　初版発行Ver.1.0（PDF版）

著　者　長谷場 潤也,安田 譲
編集人　山城 敬
発行人　井芹 昌信
発　行　株式会社インプレスR&D
〒101-0051
東京都千代田区神田神保町一丁目105番地
https://nextpublishing.jp/
発　売　株式会社インプレス
〒101-0051　東京都千代田区神田神保町一丁目105番地

印刷・製本　京葉流通倉庫株式会社
Printed in Japan

ISBN978-4-8443-9897-4

NextPublishing®
●本書はNextPublishingメソッドによって発行されています。
NextPublishingメソッドは株式会社インプレスR&Dが開発した、電子書籍と印刷書籍を同時発行できるデジタルファースト型の新出版方式です。 https://nextpublishing.jp/